基于图像分析的
植物及其
病虫害识别方法研究

The Research on
Recognition Methods for Plants, Diseases and
Insects Based on Image Analysis

张传雷 张善文 李建荣◎著

U0309999

中国经济出版社
CHINA ECONOMIC PUBLISHING HOUSE
北京

图书在版编目（CIP）数据

基于图像分析的植物及其病虫害识别方法研究／张传雷，张善文，李建荣著.
—北京：中国经济出版社，2018.10
ISBN 978-7-5136-5327-5

Ⅰ.①基… Ⅱ.①张… ②张… ③李… Ⅲ.①植物—病虫害防治—研究 Ⅳ.①S43

中国版本图书馆 CIP 数据核字（2018）第 197894 号

责任编辑　王　建
责任印制　巢新强
封面设计　华子设计

出版发行 中国经济出版社
印　刷　者 北京九州迅驰传媒文化有限公司
经　销　者 各地新华书店
开　　本 710mm×1000mm　1/16
印　　张 15.50
字　　数 214 千字
版　　次 2018 年 10 月第 1 版
印　　次 2018 年 10 月第 1 次
定　　价 58.00 元

广告经营许可证 京西工商广字第 8179 号

中国经济出版社 网址 www.economyph.com **社址** 北京市西城区百万庄北街 3 号 **邮编** 100037
本版图书如存在印装质量问题，请与本社发行中心联系调换（联系电话：010-68330607）

目　录

第1章　绪　论 ……………………………………………………… 1

1.1　研究背景及意义 ……………………………………………… 1

1.2　研究现状概述 ………………………………………………… 4

1.3　主要植物叶片数据集介绍 …………………………………… 11

参考文献 …………………………………………………………… 15

第2章　叶片图像分类特征及图像预处理 ……………………… 20

2.1　叶片图像识别步骤 …………………………………………… 20

2.2　植物叶片图像的分类特征 …………………………………… 21

2.3　植物叶片图像预处理技术 …………………………………… 33

参考文献 …………………………………………………………… 45

第3章　植物叶片图像常用的分割方法 ………………………… 56

3.1　图像分割定义 ………………………………………………… 56

3.2　基于边缘检测的图像分割方法 ……………………………… 57

3.3　基于灰度阈值的图像分割方法 ……………………………… 64

3.4　基于区域的图像分割方法 …………………………………… 70

3.5　分水岭算法 …………………………………………………… 72

3.6　基于小波的图像分割方法 …………………………………… 74

3.7　基于聚类分析的图像分割方法 ……………………………… 75

3.8 基于水平集的图像分割方法 ·········· 79

3.9 基于图论的图像分割方法 ·········· 79

参考文献 ·········· 81

第4章 最大最小判别映射植物叶片图像分类方法研究 ·········· 95

4.1 最大最小判别映射方法 ·········· 96

4.2 实验结果与分析 ·········· 102

4.3 小结 ·········· 105

参考文献 ·········· 105

第5章 基于叶片图像和监督正交最大差异伸展的植物识别方法

研究 ·········· 108

5.1 监督正交最大差异投影算法 ·········· 109

5.2 实验结果与分析 ·········· 112

5.3 小结 ·········· 115

参考文献 ·········· 116

第6章 采用局部判别映射算法的玉米病害识别方法研究 ·········· 119

6.1 局部判别映射算法 ·········· 121

6.2 实验结果与分析 ·········· 124

6.3 小结 ·········· 126

参考文献 ·········· 127

第7章 监督正交局部保持映射的植物叶片分类方法研究 ·········· 130

7.1 监督正交局部保持映射 ·········· 131

7.2 实验结果与分析 ·········· 137

7.3 小结 ·········· 141

参考文献 ·········· 141

第 8 章　基于叶片图像处理和稀疏表示的植物识别方法 ……………… 146

8.1　稀疏表示和植物识别…………………………………… 148

8.2　实验结果与分析………………………………………… 156

8.3　小结……………………………………………………… 159

参考文献……………………………………………………… 160

第 9 章　基于稀疏表示字典学习的植物分类方法 ………………… 162

9.1　基于稀疏表示的植物分类方法………………………… 164

9.2　实验结果与分析………………………………………… 168

9.3　小结……………………………………………………… 174

参考文献……………………………………………………… 174

第 10 章　环境信息在黄瓜病害识别方法中的应用研究………… 179

10.1　叶片图像获取………………………………………… 179

10.2　实验结果与分析……………………………………… 182

10.3　小结…………………………………………………… 186

参考文献……………………………………………………… 187

第 11 章　基于判别映射分析的植物叶片分类方法……………… 191

11.1　最大边缘准则（MMC）……………………………… 192

11.2　判别映射分析算法（DPA）………………………… 192

11.3　实验结果……………………………………………… 194

11.4　小结…………………………………………………… 195

参考文献……………………………………………………… 196

第 12 章　基于卷积神经网络的植物病害识别方法……………… 198

12.1　植物病害识别方法的简介…………………………… 198

12.2　卷积神经网络………………………………………… 200

12.3 基于三通道 CNNs 的植物病害识别方法 ········· 204

12.4 实验结果与分析 ················· 206

12.5 小结 ····················· 210

参考文献 ······················ 211

第 13 章 基于环境信息和深度自编码网络的农作物病害预测模型 ····· 214

13.1 农作物的致病因素及病害预测模型简介 ········ 214

13.2 材料与方法 ·················· 215

13.3 实验结果与分析 ················· 220

13.4 小结 ····················· 221

参考文献 ······················ 222

第 14 章 基于改进深度置信网络的大棚冬枣病虫害预测模型 ········· 225

14.1 冬枣病虫害及预测模型简介 ············ 225

14.2 植物病虫害环境信息获取 ············· 225

14.3 深度置信网络 ················· 226

14.4 冬枣病虫害预测模型 ·············· 231

14.5 实验方法 ··················· 232

14.6 小结 ····················· 234

参考文献 ······················ 234

后 记 ························ 239

第1章 绪 论

1.1 研究背景及意义

1.1.1 研究背景

在地球上的生物中，植物、人类和环境的关系最为紧密。植物维持着地球大气中氧气和二氧化碳的平衡，也是人类生活所必需的资源。植物是地球陆地覆盖面积最大、对人类生存环境和生存质量影响最显著的因子，是人类生存与发展的重要资源。首先，植物在人类生命中不可或缺，它为人类提供了最基本的生活必需品，是人类的衣食来源。其次，植物在水土的保持和维护等方面都起着非常重要的作用。同时，植物也是中国传统医学的重要原材料，具有巨大的医学价值、生态价值和经济价值。

随着人口的持续增长，社会生产力的逐步提高，世界生物多样性正在急剧减少，目前已发现大量物种正濒临灭绝。例如，在过去的60年里，中国约有200种植物在人口增长和经济发展的压力下濒临灭绝，有4000～5000种植物的生存受到威胁，占中国植物总数的15%～20%，这个数字远远超过了世界10%～15%的平均值。生态平衡将会随着大量植物物种的灭绝而遭到破坏，这将对优良品种的培育产生重大影响，也会削弱我国的传统药材生产能力，减少传统中药的来源，阻碍工业、农业、卫生保健和科技的发展，也带来了严重的土地沙漠化和水土流失问题，同时也让环境的净化能力明显下降。农作物病害频发是植物生存面临的另一个严重问题，其发生的范围非常大，已经严重制约了世界范围内农作物的产量、质量和农业生产的可持续发展。

幸运的是，人类已经意识到了这一危机，开始加强对植物的保护。植物保护的首要工作就要对其开展分类研究，这就涉及植物分类学，它是研究物种起源、演化过程和演化趋势的学科，它以形态学为基础，整合了各种相关学科。通过对植物的性质和特点进行分析、比较和归纳，植物分类学可以对植物进行物种鉴定、名称识别、分类和命名，并根据植物进化规则，建立分类系统来反映植物形态的差异，以及物种遗传与进化的关系。由于植物种类繁多，并且对植物的准确识别需要具备专业知识，导致人们很难准确快速地识别植物的种类。近年来，随着计算机技术的快速发展，图像处理和识别的技术也在农作物的研究中得到了应用。比如在计算机图像获取设备的帮助下，可以使用图像处理和模式识别技术来实现对植物的快速识别的愿望。

同时，对植物病害自动识别的研究工作也非常重要。随着科学技术的发展，数码相机和智能手机也可以用来采集农作物病害的图像，并利用电脑进行处理。研究表明，可以采用图像处理和模式识别的方法来判断植物病害，以便及时采取预防和控制措施。在农业机器人、精准农业和农作物条件监测等领域，人们也广泛应用图像处理和模式识别技术。相关研究表明，结合农作物的疾病、纹理、形状和颜色的生物学特性，图像分析技术可以快速识别农作物病害，可以减少农药对环境的污染，可以减少病害导致的损失，从而在经济和环境等方面对社会做出贡献。大部分植物的病害往往先表现在叶片上，一般会导致叶片出现病斑，而且病害的类型不同，病斑的颜色、形状和纹理不同。因此，基于叶片图像的植物病害识别方法一直是植物保护、图像处理、计算机视觉和模式识别等众多领域的一个重要的研究方向，也出现了非常多的植物病害识别方法。

保护生态系统，恢复和重建受损的植被，也是研究人员关心的热点问题。在生态重建和生态恢复的过程中，要能对植物进行正确的分类与识别，常规的识别方法主要依赖野外调查，成本高且费时费力，而计算机自动识别技术将成为突破这一障碍的主要手段。

　　准确提取叶片的形状特征、纹理及其他信息，来代替或辅助人类视觉的计算机图像处理和模式识别技术，可在很大程度上提高植物分类的效率和精度，且有助于推动智慧农业的发展。由于植物叶片存活的时间比较长，采集比较方便，且基本上处于平面状态，适合进行二维图像处理工作（见图 1-1）。因此，基于叶片图像的植物种类识别方法，无论是从计算机图像的模式识别角度看，还是从植物分类学的角度来看，都是一项简单有效的方法。这是本书以叶片图像作为研究对象来对植物进行分类与识别的重要依据。

图 1-1　20 种不同种类植物的叶片

1.1.2　研究意义

　　如何快速识别农作物的各种疾病是农业工作者们面临的一大难题。在对植物种类及其病害进行自动识别与分类时，最直接有效的方法就是根据其叶子来识别，因为叶片比较容易收集。叶片的形状、颜色和纹理等特征均可以作为分类的依据。因此，基于图像分析的植物叶片识别技术具有重要的现实意义，它在植物保护与生物多样性识别等方面得到了广泛应用。

1.2 研究现状概述

1.2.1 基于叶片图像的植物分类研究概述

对植物分类学的应用研究由来已久。植物叶片分类系统涉及多学科知识，包括计算机视觉识别技术、数学等，相关的研究包括植物叶片图像特征的提取算法、植物叶片图像特征分类器设计等，它是一项多学科高度交叉的综合性体系。虽然植物识别系统和植物叶片病害分类研究的起步相对较晚，但在不远的将来，肯定会成为植物及其病害识别和分类的主流方法。

一般而言，形态特征和纹理特征是植物叶片的主要分类特征。植物叶片特征的范围包括局部特征和全局特征。国外的相关研究始于 20 世纪 80 年代中期，有学者提取了叶片面积、周长、长度、宽度等 17 种简单的叶形特征，在定量描述的基础上，对其中的 13 个特征开展了定性描述并完成了对植物的测试（Guyer et al.，2000）。有学者研究了橡树的叶形，提取了 27 个叶片形状，并利用主成分分析（PCA）方法对橡树进行了分类（In-grouille et al.，2006）。

有学者根据叶片的矩特征和几何特征，用 BP 神经网络作为分类器对 15 种瑞典树种进行了分类（Osikar et al.，1980）。有学者使用紧密度、圆度和叶片形状因子，以 50 个理想的叶子形状图形作为对照，来识别其他植物叶片的形状。实验结果表明，识别效果是有效的，这也为计算机识别植物种类打下了基础（Yonekawa et al.，1996）。有学者使用多角近似方法在两级叶片顶点上获得叶片轮廓。为了识别 9 种枫叶叶片的类型，不同叶片被分配到 9 种类型的最相似模板里。首先，对叶片开展归一化处理，保留原有的近似多边形，以提高叶形的识别率；其次，引入叶边锯齿的数目。对 14 株植物的实验结果表明，与以往方法相比，本次实验的效果有了明显改善，但对叶片种类的研究受到了限制（Cholhong et al.，1999）。有学者用 70 个样本中图像分形维数的方法，对叶片的复杂程度开展了估计和分析，为植物叶片分形理论的发展奠定了良好的基础（Bruno et al.，2008）。

相关研究在中国起步较晚。有学者对植物的自动分类技术开展了初步研究，描述了叶片的形状特征，并取得了一定成果（傅兴，陆汉清，1994）。有学者提出了基于计算机的植物叶片形状识别系统，该系统利用叶片形状特征，如长宽比、叶基部凹陷、叶裂缝，以及最宽处位置不同等特征对叶片形状进行自动识别该系统，该系统测试结果虽好，但不能对植物物种加以识别（朱静等，2005）。有学者对植物识别模型的特点进行了分析，论证了用图像处理和识别技术来自动提取植物的特征是可行的，但没有给出详细的实验结果（祁亨年等，2006）。

有学者利用自组织特征映射（BP）作为分类器，来识别 15 种植物的叶片，实验结果的平均精度较高。具体做法是：利用二维离散小波变换方法对图像进行分解，统计叶片图像在不同尺度下的小波系数中提取的 72 个纹理特征值，计算近似长宽比的 8 个叶片形状特点和 7 个叶片轮廓不变矩，得到了 80 个特征值。但是，由于叶片形状比较复杂，小波变换被用于叶片图像的分解时，其算法复杂且耗时（张蕾等，2006）。有学者利用叶片轮廓坐标来计算叶片矩形度、偏心度、圆度等 7 个不变矩和几何描述因子，同时引入了一个新的移动中心球分类器。这种分类器可以节省计算时间和存储空间，可以通过形状特征来对植物叶片快速开展分类和鉴定（王晓峰等，2008）。有学者利用叶片的 8 个形状特征，通过神经网络分类器来分类，得到了较高的识别率（侯铜等，2009）。有学者通过提取叶裂数、叶裂程度和叶片排列方式等特征对叶片轮廓进行分析，得到了 6 个精确阈值来对叶片进行分类。这表明，叶裂特征可以用来识别植物的种类（张静等，2008）。

1.2.2 基于叶片图像的植物病害识别研究概述

由于绝大多数植物病害症状会在植物叶片上表现出来，使植物叶片的颜色、形状和纹理发生变化，因此病害叶片症状是发现病害和判断病害种类的主要依据之一。特征有效选择、病害准确分割和病害有效诊断是农作物病害识别的关键技术。近年来，国内外研究人员对植物叶片病害的识别方法开展了广泛研究，通过对植物病害叶片图像开展增强、分割等预处理方式，提取病害叶片的统计分类特征，再利用支持向量机（SVM）等分类器达到智能识别的目的。

有学者利用遗传算法（GA）优化神经网络（NN）的结构和参数，以提高病害叶片的分类效率（Sammany et al.，2007）。有学者通过对棉花病害叶片的图像进行增强、分割和特征提取，并结合支持向量机来识别棉花病害，取得了较好的效果（Camargo et al.，2009）。有学者利用朴素贝叶斯分类器和 NN 分类器对玉米病斑图像开展分类，病害识别率达 83% 以上（王克如等，2003）。有学者采用 SVM 对不同受害程度的小麦病害叶片的图像进行识别，识别率高达 97%（王海光等，2008）。

有学者综合运用数字图像处理技术来提取玉米病害叶片图像的特征向量，并采用 GA 和 Fisher 判别分析法来识别玉米叶部病害，识别率达 90% 以上（王娜等，2009）。有学者利用叶片图像的颜色统计特征，对黄瓜不同时期的炭疽病和褐斑病进行了分类和识别（岑喆鑫等，2007）。有学者综合运用图像处理和 NN 等方法，研究了黄瓜叶部病害的识别方法（王树文等，2004）。有学者对黄瓜霜霉病叶片的受害程度进行了识别研究（施伟民等，2012）。

有学者结合颜色、形状、纹理等外部特征，在农业病害领域应用图像处理和模式识别技术来识别农业植物的病害，不但可以得到病害叶片的图像，而且可以给用户实时传输病害的种类、程度和防治方法等信息，因此说这是一项有效的农作物快速诊断病害方法（邵陆寿，葛婧等，2007；戴之祥，邵陆寿等，2007；马德贵，邵陆寿等，2008）。有学者构建了一个基于病斑图像处理的病害诊断系统，其自动化程度高（刘君等，2012）。

目前，国内外研究人员研究农作物病害的方法，可以分为两种：（1）利用遥感图像技术，如使用高光谱成像技术来实现对温室黄瓜病害的分类，（2）以往为大多数研究人员所使用的图像处理技术。

目前，国内外研究人员对植物病害的研究主要集中在图像分割、图像特征提取和病害识别等方面，他们在农作物病害智能诊断方面做了大量工作。有学者认为，植物受病害感染后，其代谢功能将会受到影响，从而导致植物的外部形态和细胞出现变化，也可能会引起植物全身出现症状。虽然症状多种多样，但大多数会通过叶片的纹理、颜色和形状表现出来。然而，对于不同类型的致病性病原体，叶片所表现出来的病害的图案、颜色和形状也是不同的，因此可以根据病害的特征来识别它们（王克如等，2005）。

1.2.2.1　基于颜色特征的植物病害识别

Ahmad 等通过彩色图像信息实验得出，在无氮缺水的情况下，玉米叶片的颜色会发生变化，这可为农民进行灌溉和施氮肥做参考。有学者在蘑菇叶病害诊断分析的基础上，使用 RGB 颜色空间模型的两个柱状图，研究蘑菇叶片在正常情况下和病理情况下的两种特征颜色。通过计算机视觉分析技术来诊断蘑菇叶片是否缺少钙、铁和镁等营养元素（穗波信雄，1989）。有学者提取了番茄营养缺乏病 3 种颜色特征值的均值，即标准差、方差和 3 种颜色 RGB 值之间的相关系特征，以此来识别缺乏营养的番茄叶片（徐贵力等，2003）。有学者在识别辣椒黄斑疾病时，利用中值滤波前的预处理手段来提取纹理特征，以及使用双峰法，有效地区分了正常叶片和病理叶片（崔艳丽等，2005）。在利用神经网络技术识别斑点区域的研究工作中，有学者根据大豆叶片斑图的 RGB 颜色特征进行了实验并验证了该技术的有效性（马晓丹等，2006）。

1.2.2.2　基于纹理特征的植物病害识别

纹理一般是图像中由灰度分布在空间位置上反复出现而形成的。灰度共生矩阵是由 Haralick 提出的一种用来分析图像纹理特征的重要方法，它建立在图像的二阶组合条件概率密度函数的基础上，即通过计算图像中特定方向和特定距离的两像素间从某一灰度过渡到另一灰度的概率，反映图像在方向、间隔和变化幅度等方面的信息。灰度共生矩阵是常用的纹理统计分析方法之一。

有学者提取了红辣椒斑点病斑的均匀性、惯性矩、能量和熵的共生矩阵纹理特征，是识别该病害的较好参数（张静等，2006）。有学者对玉米病害开展分类鉴定的方法是通过提取玉米叶片病害的 Haar 小波特征。从玉米叶片的纹理特征等方面提取玉米叶片的特征向量，再将输入空间的样本，映射到高维特征空间的 K 均值聚类上，用来识别玉米叶片的病害（宋凯等，2007）。有学者利用该方法对玉米、葡萄等植物的病害进行了鉴定（田有文等，2010）。

1.2.2.3 基于形状特征的植物病害识别

有学者对黄瓜炭疽热的自动诊断方法开展了研究，从形状特征和光谱反射特性的角度，利用遗传算法建立了识别参数，并确定了该病害的识别特征（Yuataka Sasaki et al.，1999）。有学者通过对两种孢子植物的主成分进行分析，从图像中得到了芽孢和其他孢子的形状特征，并得到了孢子的表面积、周长、半径、脊的数量和凸起参数（如大小和圆度）（Chesmore et al.，2003）。有学者利用图像相似度测度和用户相关反馈技术，提取了相关植物叶片矩形区域的形状特征，并开发了图像检索系统（李峥嵘等，2007）。

1.2.2.4 基于光谱特征的植物病害识别

利用数字红外热成像技术，有学者研究了采用多光谱成像技术提取受感染的辣椒叶片表面的多光谱图像，并取得了成效；利用了叶片的高光谱图像采集系统，对白粉病、黄瓜霜霉病等病害的高光谱图像数据进行了研究；利用了 450~900nm 范围特征波长的图像，提取出了黄瓜叶片的特征向量，对黄瓜病害的诊断率达到了 98%（冯杰等，2002）。有学者研究了黄瓜叶片在蒸腾作用下所受的霜霉病的影响，结果表明，由于气孔开孔的异常，感染后的叶片温度比未受感染时下降了 0.8℃。由于细胞膜不再完整，导致大量受到病毒感染的细胞组织损失殆尽，叶片出现了萎黄病的相关症状。通过对小麦冠层光谱中受麦二叉蚜攻击的特征谱分析，有学者发现在 694nm 光谱反射率中，植被指数的光谱中心在 800nm 和 694nm 组合的光谱中可以检测到该病害（Miriam et al.，2004）。

1.2.2.5　其他植物病害的识别方法

有学者利用穷举搜索法和颜色共生矩阵来得到叶片的纹理特征，并在高斯分类器的帮助下得到了最优的特征参数（Burks et al.，2000）。有学者利用时域差分算子提取了叶片的纹理特征（毛罕平等，2003）。有学者通过模糊 BP 神经网络模型，对 26 种葡萄的常见病害进行了诊断，得到了模糊隶属度的表达方法（刘树文等，2006）。有学者利用区域标记法、阈值法，并结合 Freeman 链码法，根据具有代表性病灶的玉米叶片的图像特征对玉米叶部的疾病进行了识别（赵玉霞等，2007）。有学者采用遗传算法得到了玉米叶片病害的特征，如纹理、颜色和形状等，实现了鉴定玉米叶片病害的目标（王娜等，2009）。

根据上述研究，植物病害的纹理特征通常采用共生矩阵等方法获得，但仅用单一特征会影响植物病害的识别率。植物病害的颜色特征常常是以 RGB 为主，有较为明显的缺点——不但识别率不高而且算法运行时间长。形状特征的提取最为直接，虽然植物病斑的形状不规则，但是一般情况下分析几个常用的特征就能得到较理想的结果。基于遥感图像处理技术的植物病害识别方法对设备的要求很严格，例如，要用到红外摄像机或光谱仪设备。但是，这些设备的价格往往较为昂贵，不利于推广和使用。

1.2.3　深度学习在植物种类及病害识别领域的研究概述

由前两节可知，国内外很多专家和学者都致力于利用数字图像处理技术来识别植物的种类和病害。植物的基本特征包括叶片的形状特征和纹理特征，而对特征的描述范围又分为全局与局部。随着数字图像处理技术的发展，对植物叶片加以识别的算法也变得多种多样，可分为以下 3 类：（1）基于关系结构匹配的植物叶片识别方法；（2）基于统计的植物叶片识别方法；（3）基于机器学习的植物叶片识别方法。

尽管植物分类方法取得了非常大的进展，但在研究过程中仍存在许多问题。以往的植物叶片分类方法，一般采用两步法：（1）从输入的图像中提取叶片的特征；（2）根据特征，利用训练分类器开展数据分类。该方法的效果在很大程度上取决于人们的选择是否合理，但他们在选择特征时往往会感到盲目。虽然现在按人工设定的特性分类也有非常好的效果，但这些特性都是针对特定的数据而设计的。当使用相同的特性来处理不同的数据集时，得到的结果可能会不同，因此该特性是不可迁移的。

近年来，深度学习引起了国内外学者浓厚的研究兴趣，并在计算机视觉、图像分类与识别、目标检测和语音识别等众多领域取得了突破性进展。深度学习是机器学习研究的一个新领域，目的是建立和模拟人脑的分析和学习的神经网络，以及模拟人脑解释数据的机制。作为无监督学习的一种，深度学习采用了神经网络的层次结构，包括输入层、隐层（多层）、多层网络输出层，它们只存在相邻节点之间的连接，在同一层和跨层节点之间不存在相互连接。深度学习建立了与人脑相似的层次模型结构，对输入数据逐层抽取，建立了从底层信号到高级语义的良好映射关系。

谷歌、百度和阿里巴巴等公司近年来投入了大量资源来研发深度学习技术，并取得了重大进展，例如在语音、图像和在线广告等领域。从实际应用的效果来看，深度学习可能是近 10 年来机器学习领域最成功的研究。深度学习模型不仅避免了提取图像特征时比较耗时的问题，而且大大提高了图像识别的精度，提高了在线操作的效率。

近年来，很多学者从深度学习的模型设计、训练方式、参数初始化、激活函数选择和实际应用等多个方面进行研究，提出了很多深度学习模型，例如卷积神经网络（CNN）、深度波尔茨曼机（DBM）、深度置信网络（DBN）等，并成功应用于图像识别和植物病害识别中。由于 CNN 能够直接输入原始图像，现已被广泛应用于计算机视觉和图像识别与分类等领域。CNN 是一项将人工神经网络与模拟视觉系统、深度学习技术相结合的新方法，在图像识别领域有着广泛的应用。卷积神经网络具有局部感知的区域性、层次性、特征提取与分类相结合的全局训练等特征，其优点是，不仅更接近于生物学，而且降低了网络模型的复杂度，减少了权值的数量。在处理多维图像时，该模型的优势更加明显。作为一项专门用于二维形状识别的多层感知器，卷积神经网络对图像的平移、缩放、倾斜等处理不会引起图像的变形。

1.3 主要植物叶片数据集介绍

在研究植物叶片分类及其病虫害识别方法的过程中，研究者们分别建立了一些不同的数据集，包括瑞典植物叶片数据集、ICL 植物叶片数据集、Flaria 植物叶片数据集等。下面我们对这些数据集分别进行简要介绍。

1.3.1 瑞典植物叶片数据集

瑞典植物叶片数据集（Swedish Leaf Database）① 包含 15 类叶片图像（见表 1-1），每类 75 幅。

表 1-1 瑞典植物叶片数据集中的 15 类植物名称

英文名称	中文名称
Ulmus Carpinifolia	荷兰榆树
Acer	秋槭
Salix Aurita	耳柳
Quercus	栎
Alnus Incana	灰桤木
Betula Pubescens	毛桦
Salix Alba 'Sericea'	白柳
Populus Tremula	欧洲山杨
Ulmus Glabra	光榆
Sorbus Aucuparia	欧洲花楸
Salix Sinerea	灰柳
Populus	胡杨
Tilia	椴树
Sorbus Intermedia	中间花楸
Fagus Silvatica	欧洲山毛榉

---

① http：//www.isy.liu.se/cvl/ImageDB/public/blad/.

这个数据集有几个明显的特性:(1)图像中的叶片是手动对齐的,并且只有非常小角度的旋转。(2)只有同一侧的叶子被捕获。但事实上,叶子的两边形状通常是不同的。(3)叶片质量好,无严重的局部损失。由于数据集具有上述3个特性,因此数据集有一个很大的空间布局,其蕴含的空间信息可以用来提高图像的分类精度。值得注意的是,在实际中这样的先验条件是不存在的。

1.3.2 ICL 植物叶片数据集

ICL 植物叶片数据集(Intelligent Computing Laboratory Leaf Database)①。在该数据集中,图像均由智能计算机实验室的成员在合肥植物园收集得到。目前,在该数据集中的样本有 220 个类别,每类包含 26~1078 个叶片样本。

1.3.3 Flaria 植物叶片数据集

Flaria 植物叶片数据集(Flaria Leaf Database)② (见表 1-2)包含 33 类植物的 1907 个 RGB 叶片图像,每个品种都有 40~60 个样本叶片,它们大部分都是来自中国长江三角洲的常见植物。

表 1-2 Flaria 数据集

标签	学名	常用名	文件名
1	Phyllostachys edulis(Carr.)Houz.	短柔毛竹	1001—1059
2	Aesculus chinensis	中国七叶树	1060—1122
3	Berberis anhweiensis Ahrendt	安徽小檗	1552—1616
4	Cercis chinensis	中国紫荆	1123—1194
5	Indigofera tinctoria L.	木蓝	1195—1267
6	Acer Palmatum	日本枫树	1268—1323
7	Phoebe nanmu(Oliv.)Gamble	楠木	1324—1385
8	Kalopanax septemlobus(Thunb. ex A. Murr.)Koidz.	刺楸	1386—1437

① http://www.intelengine.cn/source.htm.
② http://flavia.sourceforge.net/.

标签	学名	常用名	文件名
9	Cinnamomum japonicum Sieb.	肉桂	1497—1551
10	Koelreuteria paniculata Laxm.	栾树	1438—1496
11	Ilex macrocarpa Oliv.	大冬青	2001—2050
12	Pittosporum tobira（Thunb.）Ait. f.	海桐	2051—2113
13	Chimonanthus praecox L.	梅花	2114—2165
14	Cinnamomum camphora（L.）J. Presl	樟树	2166—2230
15	Viburnum awabuki K. Koch	日本箭木	2231—2290
16	Osmanthus fragrans Lour.	桂花	2291—2346
17	Cedrus deodara（Roxb.）G. Don	雪松	2347—2423
18	Ginkgo biloba L.	白果	2424—2485
19	Lagerstroemia indica（L.）Pers.	紫薇	2486—2546
20	Nerium oleander L.	夹竹桃	2547—2612
21	Podocarpus macrophyllus（Thunb.）Sweet	红豆杉	2616—2675
22	Prunus serrulata Lindl. var. lannesiana auct.	日本樱花	3001—3055
23	Ligustrum lucidum Ait. f.	桢木	3056—3110
24	Tonna sinensis M. Roem.	中华扁桃	3111—3175
25	Prunus persica（L.）Batsch	桃树	3176—3229
26	Manglietia fordiana Oliv.	木莲	3230—3281
27	Acer buergerianum Miq.	三角槭	3282—3334
28	Mahonia bealei（Fortune）Carr.	刺黄柏	3335—3389
29	Magnolia grandiflora L.	广玉兰	3390—3446
30	Populus canadensis Moench	加拿大杨树	3447—3510
31	Liriodendron chinense（Hemsl.）Sarg.	中国鹅掌楸	3511—3563
32	Citrus reticulata Blanco	柑橘	3566—3621

1.3.4 Cleared 植物叶片数据集

Cleared 植物叶片数据集①是一个在线采集树叶的图像集，由来自世界

———

① http：//clearedleavesdb.org/.

各地实验室的不同人员参与收集。其目的是便于在叶片的结构和功能方面开展研究，保存和归档植物叶片的数据，促进学术交流。

1.3.5 叶片形状数据集

叶片形状数据集①由印度学者和研究人员开发，是为了纯学术交流和研究而开发的，对于评估各种图像的处理算法非常有用，目前由 18 种不同类型的叶片图像组成。

1.3.6 ImageCLEF

ImageCLEF（Cross Language Evaluation Forum）旨在提供一个跨语言标注和检索图像的评价论坛。2012 年，其所采用的数据集包括了 126 种来自法国地中海地区的植物，总共 11572 个样本。

1.3.7 MEW 数据集

MEW（Middle European Woody）数据集是基于叶片形状的植物种类识别的实验而创建的，它主要包含生长在捷克共和国的乔木和灌木叶片。MEW 2014 有 200 个种类，每个种类包含 4～168 个样本，总共包含 15074 个叶片样本。

1.3.8 PlantVillage 植物病害叶片数据集

PlantVillage 是一个关于植物及其健康的在线平台，可以提问和回答关于农业和植物方面的问题。平台发布了一个含有正常和病害植物叶片图像的数据集②，包含 14 种植物共 54309 个图像。在植物病害叶片数据集中，包含了 26 种常见疾病。

---

① http：//www. imageprocessingplace. com/downloads_ V3/root_ downloads/image_ databases/leaf%20shape%20database/leaf_ shapes_ downloads. htm.
② http：//www. plantvillage. org.

参考文献

［1］胡秋霞．基于图像分析的植物叶部病害识别方法研究［D］．咸阳：西北农林科技大学，2013．

［2］张善文，张传雷，程雷．基于监督正交局部保持映射的植物叶片图像分类方法［J］．农业工程学报，2013．

［3］董红霞．基于图像的植物叶片分类方法研究［D］．长沙：湖南大学，2013．

［4］田杰．基于计算机视觉的小麦叶部病害识别方法研究［J］．学术论文联合比对库，2014．

［5］田杰．基于图像分析的小麦叶部病害识别方法研究［D］．咸阳：西北农林科技大学，2015．

［6］张娟．基于图像分析的梅花种类识别关键技术研究［D］．北京：北京林业大学，2011．

［7］刁智华．大田小麦叶部病害智能诊断系统研究与应用［D］．合肥：中国科学技术大学，2010．

［8］孙丹．农业昆虫与害虫防治［J］．河南科技学院学报（自然科学版），2002．

［9］谢宝剑．基于卷积神经网络的图像分类方法研究［D］．合肥工业大学，2015．

［10］张艳令．烟草病害自动识别诊断系统的研究［D］．泰安：山东农业大学，2015．

［11］朱圣盼．基于计算机视觉技术的植物病害检测方法的研究［D］．杭州：浙江大学，2007．

［12］张宁，刘文萍．基于图像分析的植物叶片识别技术综述［J］．计算机应用研究，2011．

［13］张宁．基于图像分析的植物叶片识别算法研究［D］．北京：北

京林业大学，2013.

[14] 李旺，唐少先. 基于图像处理的农作物病害识别研究现状 [J]. 湖南农机，2012.

[15] 杨利伟. 基于有序序列傅里叶变换的植物叶片识别系统的研究与实现 [D]. 合肥：中国科学技术大学，2013.

[16] 张宁，刘文萍. 基于图像分析的植物叶片识别技术综述 [J]. 计算机应用研究，2011，28（11）：4001-4007.

[17] 张教海，李亚兵，别墅，等. 数字图像处理在棉花形态特征提取上的应用 [J]. 湖北农业科学，2007.

[18] 张善文，贾庆节，井荣枝. 基于正交线性判别分析的植物分类方法 [J]. 安徽农业科学，2012.

[19] 张善文，孔韦韦，王震. 基于稀疏表示字典学习的植物分类方法 [J]. 浙江农业学报，2017.

[20] 杨朝辉. 计算机舌诊中裂纹舌图像的诊断分类研究 [D]. 哈尔滨：哈尔滨工业大学，2010.

[21] 迟文龙. 基于 FSVM 的煤层气单井故障诊断研究 [D]. 大连：大连理工大学，2013.

[22] 苏恒强. 玉米病害图像识别系统的设计与实现 [D]. 长春：吉林大学，2010.

[23] 王少莉. 化工企业安全生产预警模型研究 [D]. 天津：天津理工大学，2017.

[24] Anon. A leaf recognition algorithm for plant classification using PNN (Probabilistic Neural Network) [EB/OL]. [2018-11-01]. http：//flavia. sourceforge. net/.

[25] WANG F, LIAO D W, LI J W, et al. Two-dimensional multifractal detrended fluctuation analysis for plant identification [J]. Plant Methods, 2015, 11 (1)：12.

[26] WU S G, BAO F S, XU E Y, et al. A leaf recognition algorithm

for plant classification using probabilistic neural network［C］//Anon. IEEE 7th International Symposium on Signal Processing and Information Technology，Cario，Egypt.［S. l.：s. n.］，2007.

［27］Anon. Cleared leaf imagedatabase［EB/OL］.［2018 – 07 – 02］. http：//clearedleavesdb. org/.

［28］Anon. Contourtracing［EB/OL］.［2018 – 07 – 02］. http//www. image processingplace. com/downloads_ V3/root_ downloads/image_ databases/leaf%20shape%20database/leaf_ shapes_ downloads. htm.

［29］陈良宵，王斌. 基于形状特征的叶片图像识别算法比较研究［J］. 计算机工程与应用，2017，53（9）.

［30］王献锋，张善文，王震，等. 基于叶片图像和环境信息的黄瓜病害识别方法［J］. 农业工程学报，2014.

［31］王怡萱，阚江明，张俊梅，等. 基于 VC++的植物种类模式识别系统研究［J］. 湖北农业科学，2011.

［32］马珍玉. 基于深度学习和 SVM 的植物叶片识别系统的研究与测试［D］. 呼和浩特：内蒙古农业大学，2016.

［33］田凯，张连宽，熊美东，等. 基于叶片病斑特征的茄子褐纹病识别方法［J］. 农业工程学报，2016.

［34］贾婧，王忠芝. 基于共生矩阵的图像检索系统的研究［J］. 微计算机信息，2010.

［35］覃天足. 基于人工智能的景物识别算法［J］. 电子世界，2018.

［36］孙泽浩. 基于深度学习的恶意代码检测技术［J］. 网络安全技术与应用，2018.

［37］佚名.《红外与激光工程》"深度学习及其应用"专题征稿［J］. 红外与激光工程，2017：348.

［38］杨小微. 让"自由课堂"走向"深度学习"［J］. 江苏教育，2017.

［39］银温社，胡杨升，董青青，等. 基于深度学习的细胞癌恶化程度预测方法研究［J］. 软件导刊，2018.

［40］凌翔，王昔鹏，赖锟．基于小波低频分量的交通标志定位算法研究［J］．西部交通科技，2017.

［41］李丽君，魏霖静．基于二元共生模式的图像检索系统［J］．控制工程，2018.

［42］吴超，邵曦．基于深度学习的指静脉识别研究［J］．计算机技术与发展，2017.

［43］穆向昕．标准化推动视频技术的发展［J］．演艺科技，2018.

［44］陈寅，周平．植物叶形状与纹理特征提取研究［J］．浙江理工大学学报，2013.

［45］宋光慧．基于迁移学习与深度卷积特征的图像标注方法研究［D］．杭州：浙江大学，2016.

［46］宁永强，段敏燕，余重玲．互联网街景安全保密信息处理平台设计与实现［J］．遥感信息，2016.

［47］张恒亨．基于传统方法和深度学习的图像精细分类研究［D］．合肥：合肥工业大学，2014.

［48］余子健．基于FPGA的卷积神经网络加速器［D］．杭州：浙江大学，2016.

［49］耿雪．基于视觉词典稀疏表示的商品检索［D］．北京：北京交通大学，2016.

［50］白鹏．基于卷级神经网络的双目立体视觉研究［D］．杭州：浙江大学，2016.

［51］严考碧．基于特征学习的多示例多标记学习研究［D］．桂林：广西师范大学，2016.

［52］陈鸿翔．基于卷积神经网络的图像语义分割［D］．杭州：浙江大学，2016.

［53］卢伟，胡海阳，王家鹏，等．基于卷积神经网络面部图像识别的拖拉机驾驶员疲劳检测［J］．农业工程学报，2018.

［54］李竺强，朱瑞飞，高放，等．三维卷积神经网络模型联合条件

随机场优化的高光谱遥感影像分类［J］. 光学学报，2018.

［55］陈智. 基于卷积神经网络的语义分割研究［D］. 北京：北京交通大学，2018.

［56］何柳. 表单识别中的关键问题研究［D］. 沈阳：沈阳工业大学，2016.

第2章 叶片图像分类特征及图像预处理

2.1 叶片图像识别步骤

基于图像分析的植物叶片识别的步骤主要包括：使用数码相机或其他设备开展图像的采集工作，对图像进行预处理操作，图像边缘的提取操作，图像形状特征的提取操作，目标对象的匹配和识别。

图像采集是指获取目标图像，可以通过相关设备来得到。为了提高图像的质量，需要对图像进行预处理操作，主要包括图像的去噪、尺寸调整和分割等。图像的边缘保留了原始图像较大的部分，对图像边缘的提取是存储叶片边缘信息的一项常用算法。图像特征的提取方式是基于计算机图像分析的一种算法，涉及计算机视觉和图像处理的概念。图像特征类型的提取方法各不相同，合适的图像特征可以大大增强图像识别的精度。目标对象是指需要识别的对象。根据模式识别方法可以对图像进行分类。在此过程中，先发现训练样本的属性，找到分类规则；然后根据这种规则对非训练样本数据进行分类。

叶片的识别系统通常分测试和训练两个阶段。在训练阶段，对训练样本的图像进行图像预处理和特征提取操作后，得到其综合特征向量，放入分类器训练学习后得到成熟的训练结果。在测试阶段，对测试样本的图像进行预处理和特征提取操作后，得到其特征值，放入分类器识别后，便可识别植物的类别。

2.2　植物叶片图像的分类特征

叶片是植物进行光合作用的主要器官，也是植物开展蒸腾作用的主要途径。研究植物叶片的各种参数，对植物的分类工作具有十分重要的意义。本书选取植物叶片为研究对象，运用数字图像处理技术对其进行分析并提取叶片形状的参数，以便对植物的种类和病害类型进行识别。在植物叶片及病虫害识别领域，较为常用的特征主要包括颜色、形状和纹理等特征，可以根据不同图像的特点，选择并提取合适的特征。

1. 颜色特征

颜色是人们识别和记忆图像的主要特征，它对图像的尺寸、视角等方面的依赖性较小，具有较高的鲁棒性。描述颜色特征的方法主要包括颜色直方图、颜色矩和颜色集等。其中，颜色直方图表示图像中各种颜色出现的频率。颜色矩指图像中任何的颜色分布都可以用它的矩来表示，通常用一阶矩、二阶矩和三阶矩来表示图像的颜色分布。颜色集是一种对颜色直方图的近似表达，可以将图像表达为一个二进制的颜色集。

2. 形状特征

形状是图像表达的一个重要特征，通常被认为是由一条封闭的轮廓曲线所包围的区域。形状特征主要包括几何特征、区域描述特征、不变矩和傅里叶形状描述等。

几何特征包括周长、面积、主轴和方向角等。图像的区域描述特征主要包括伸长度、凸凹性、复杂度和偏心度等，主要是一些区域度量值的比值，具有平移、缩放和旋转的不变性。不变矩是一种区域物体形状的表示方法，具有线性特性，对于图像的平移、缩放和旋转同样具有不变性。傅里叶形状描述可以用来作为植物叶片的分类特征，主要是用物体边界的傅里叶变换来描述其形状。

3. 纹理特征

纹理特征是物体表面共有的内在特性，包括物体表面结构排列的重要信息。在图像识别领域，常用的纹理特征主要包括 Tamura 纹理特征、灰度共生矩阵和小波变换表示的纹理特征等。Tamura 纹理特征的 6 个分量分别对应人类对纹理的视觉感知的 6 种属性，它们分别是对比度、线像度、规整度、粗糙度、方向度和粗略度。灰度共生矩阵主要反映了图像灰度分布在方向、局部邻域和变化幅度等方面的综合信息，主要包括角惯性矩、相关性、二阶矩、局部均匀性等。小波变换表示的纹理特征主要用波段在每个分解层次上能量分布的均值和标准方差来表示。

2.2.1 颜色特征

在不同季节，植物的叶片会呈现不同的颜色，而周围环境的变化同样会导致叶片的颜色发生变化。植物叶片的颜色特征可以用于叶片图像的形态学分析。正常叶片的叶绿体中有两大类光合色素，其中叶绿素和类胡萝卜素的比值是 3∶1，叶绿素 a 和叶绿素 b 的比例大约也是 3∶1，叶黄素和胡萝卜素的比值大约为 2∶1。正常情况下，叶绿素比类胡萝卜素多，因此叶子是绿色的。当温度逐渐降低时，低温导致叶片无法合成新的叶绿素，原有的叶绿素也逐渐被破坏掉，导致叶绿素的含量比类胡萝卜素少，树叶的颜色就会由绿变黄。

在图像的颜色、形状和纹理等特征中，最容易让人识别和感知的是颜色。在提取颜色特征的过程中有以下问题需要解决：（1）如何描述颜色特征，如何根据需要来选择合适的颜色空间；（2）如何量化颜色特征，并用向量法描述选出的颜色空间。（3）如何定义不同颜色的图像之间相似度的标准。

2.2.1.1 颜色空间的选取

当前，在数字图像的颜色识别方面，专家和学者做了大量研究，结果表明人类对颜色的感知是三维的。彩色图像识别技术的关键是找到符合人类视觉的颜色模型。图像的颜色特征是由观察者的视觉系统体验和图像本身决定的。为了有效地获得目标图像的颜色特征，必须选择适合人类视觉系统的模型，例如 RGB、HSV 和 YUV 等模型。与其他模型相比，RGB 模型具有方便性和通用性等优点。

人眼受到不同波长的可见光刺激时，就可以感受到不同的颜色。当有可见光刺激视网膜锥状细胞时，人眼能够感受到红、绿和蓝 3 种颜色，其波长分别为 630nm、530nm 和 450nm。因为红、绿和蓝 3 种基色是显示彩色的基础，通常把它们称为 RGB 颜色模型。其他颜色都可以由 RGB 三基色按照不同的比例相加而成（见图 2-1），因此 RGB 模型也叫加色模型。

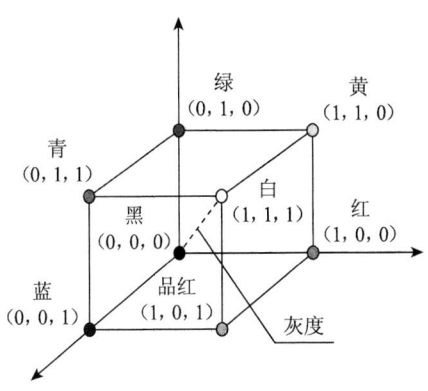

图 2-1　三基色原理

RGB 彩色图像通常用于视频、光照及屏幕图像的编辑工作。根据三基色的基本原理，产生颜色的数量一共为 $255 \times 255 \times 255 = 16581375$ 种。根据式（2-1），任意色光 F 都可以用 RGB 三基色相加得到：

$$F = fR + fG + fB \tag{2-1}$$

其中，（255，255，255）为白色，（0，0，0）为黑色。

在图像处理过程中，HSV 模型也被广泛应用。与 RGB 模型相比，HSV 模型更符合人们的视觉习惯。HSV 的 3 个元素是 H（色相）、S（饱和度）和 V（亮度），它构成了人类视觉系统的三要素。色相 H 表示不同的颜色，如红色、绿色、蓝色和黄色等，它的角度范围是 0°~360°；饱和度 S 表示颜色的深度，如深色和浅色，其取值范围通常为 0~1；亮度 V 表示颜色亮度的等级，其取值范围通常为 0~1。一般而言，亮度值主要受光波能量的影响。光波的能量越大，亮度也就越大。如图 2-2 所示，这是 HSV 颜色空间模型，在一个倒置的圆锥体中，H 表示角度，S 表示到长轴的距离，V 是长轴。圆锥顶部的亮度值最大，饱和度最高。

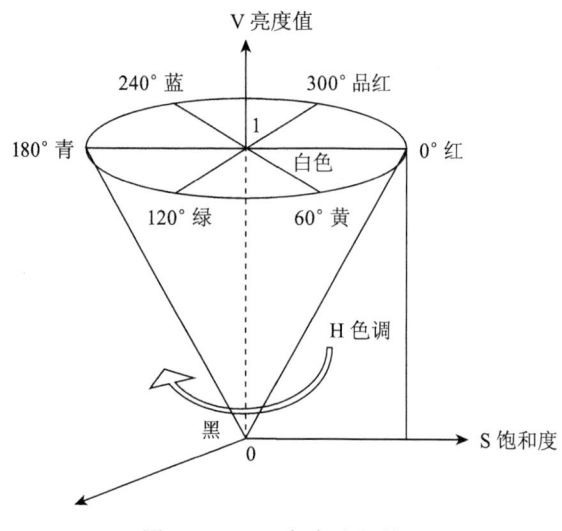

图 2-2 HSV 颜色空间模型

对人类的眼睛来说，HSV 模型具有直观和容易接受的优点。一般来说，叶片图像是在不同的光照条件下拍摄的，如果使用 RGB 模型，将无法单独表示亮度和颜色信息；但是对于 HSV 模型而言，亮度和颜色信息各自独立，颜色不受亮度的影响。因此，如果采集的叶片图像是 RGB 模型的，就需要将其转换为 HSV 模型的。

YUV 模型也较为常见。在该模型中，Y 代表亮度，可理解为灰度值，它是独立的；U 和 V 分别代表色差，其中 U 表示蓝色，V 表示红色。YUV 模型很简单，但能充分反映图像灰度的特点，通过失去色度信息来达到节省存储空间的目的。在图像的颜色信息压缩和存储方面，YUV 模型扮演着重要角色，但也正是因为该模型在表达图像颜色方面太过简单，因此不适合进行颜色检索。

2.2.1.2　常用的叶片颜色分类特征

前文简略介绍过，描述颜色特征的方法主要有颜色直方图、颜色矩和颜色集等，下面详细介绍一下。

1. 颜色直方图

颜色直方图描述的是不同颜色在图像中的占比，它是一种有效的表示图像颜色内容的方法，适用于图像检索。由于该方法不涉及颜色在图像中的空间位置，故它无法描述图像中具体的目标。通常情况下，颜色直方图用来描述那些难以进行自动分割的图像。颜色直方图有两个明显的缺点：（1）会遗漏图像的颜色空间分布信息；（2）如果颜色直方图空间的维数比较大，并且图像的数据库也比较大时，识别图像所耗费的时间也会比较长。

2. 颜色矩

颜色矩是一种简单有效的颜色特征表示方法，该方法主要基于图像中任何的颜色分布均可以由其矩来表示的数学思想。实际上，颜色分布的信息主要集中于其低阶矩中，故人们通常采用颜色的一阶、二阶和三阶矩来表示图像颜色分布的信息。

3. 颜色集

颜色集的思想近似于颜色直方图。该方法的主要思路是将视觉不均衡的颜色空间转化成均衡的颜色空间，并将其量化成若干个二进制文件，再用色彩自动分割技术将图像分成若干区域，而每个区域都用量化颜色空间的某个颜色分量来索引，就可以将图像表达为一个二进制的颜色集。

2.2.2 形状特征

在叶片图像识别方法的研究中，形状特征提取具有广泛的应用范围，是第一个被用于分类的标准，故对提取方法的研究相对成熟。在二维图像空间中，可以从分割图像的目标区域中获得形状特征。人们将形状特征的描述方法分为两类：一类是描述形状的区域边界轮廓特征；另一类是目标区域内所有像素的集合。根据叶片目标区域的几何轮廓和区域，利用两种描述方法可提取植物叶片图像的形状特征。

叶片的形状特征是判断叶片种类最重要、最有效的依据。一般而言，不同种类叶片的形状不同，但也不是说叶片的形状是变化无穷的，它的变化还是在一定的范围内。据统计，植物叶片较常见的形状有：针形、披针形（包括倒披针形）、矩圆形（亦称长圆形）、椭圆形、卵形（包括倒卵形）、圆形、条形、匙形、扇形、镰刀形、肾形、心形（包括倒心形）、提琴形、菱形、三角形和鳞形等。

从能否直接测量的角度看，叶片的形状特征可以分为直接特征和间接特征。叶片的直接形状特征是指可以从植物叶片的图像中直接得到的特征；而叶片的间接形状特征是指通过计算等方式得到的特征，它无法从植物叶片的图像中直接测量得到。

1. 叶片的直接形状特征

常用的直接形状特征包括：叶片的周长（Perimeter）、面积（Area）、最小包围盒（Bounding-box）、纵轴长（Y-length）、横轴长（X-length）、凸包（Convex Hull）、外切圆（Ex-circle）、内切圆（In-circle）等。具体情况见图2-3。

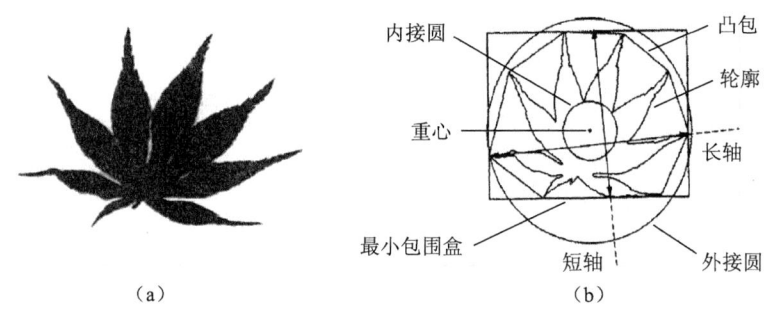

（a）　　　　　　　　　　　　　　（b）

图2-3　叶片形状特征示意图

（1）叶片的周长，一般来说，周长是指某一物体或区域的边界长度。叶片的周长就是叶片边缘的总长度。常用的计算周长方法有3种，它们分别为：链码法、隙码法和数边界点法。

①链码法，如果将图像中的像素看作点，叶片的周长就是计算出的链码长度。②隙码法，如果将像素看作单位面积的小方块，那么许许多多的小方块就组成了图像中的区域和背景，此时边界用隙码表示，叶片的周长就是计算出的隙码长度。③数边界点法，即用叶片轮廓像素的数目来计算

叶片的周长。

这 3 种方法均以像素长度为单位，其中，链码法的测量精度相对较高，而隙码法和数边界点法的测量精度要低些，原因是像素在斜方向长度方面存在测量误差。所以，如果想让叶片周长的测量值接近其真实值，就应该使用链码法进行测量。

（2）叶片的面积，面积是对物体所占范围的一种客观度量，它由物体或区域的边界决定，与其内部灰度级的变化无关。计算叶片面积的方法有 3 种，它们分别是：边界链码法、像素计数法和边界坐标计算法。

①边界链码法，若区域的边界编码已知，则只需将值为 1 的行程长度累计相加，就能得到该区域的面积；若给出物体的封闭边界，则对应的连通区域的面积就是区域的外边界所包围的面积与内边界所包围的面积之差。②像素计数法，统计叶片边界和内部像素的总数，边界和内部像素点的总和与单个像素面积的乘积，即为叶片的面积。③边界坐标计算法，在平面上，一条封闭曲线所包围的面积由其轮廓积分来表示。

（3）最小包围盒（外接矩形），当物体的边界已知时，用其外接矩形的尺寸来表达它的基本形状是最简单的方法。

（4）纵轴长，最小包围盒的长度就是叶片的长度，或者指叶片轮廓上相距最远的两个像素点之间的连线。

（5）横轴长，最小包围盒的宽就是叶片的宽度，或者指与长轴垂直且距离最长的叶片轮廓上的两个像素点之间的连线。

（6）凸包，指包含叶片的最小凸集，它是最小的凸多边形，目标区域内的点都在这个多边形上，或者在其内部。

（7）外切圆，指与叶片外切的圆，即能包围叶片的最小圆；又指在目标区域里能够找到的以区域重心为圆心，以重心与轮廓的最大距离为半径的圆。

（8）内切圆，是与叶片内切的圆，即叶片能包含的最大圆。它是在目标区域里能够找到的以区域重心为圆心，并以重心与轮廓的最小距离作为半径的圆。

2. 叶片的间接形状特征

常用的间接形状特征包括：纵横轴比（Aspect Ratio）、矩形度（Rectangularity）、面积凹凸比（Area Convexity）、圆周长凹凸比（Perimeter Convexity）、球型度（Sphericity）、圆形度（Circularity）、偏心率（Eccentricity）、形状因子（Form Factor）和最佳匹配椭圆（The Best Match Ellipse）。

（1）纵横轴比，是叶片最小包围盒的长和宽的比值。

（2）矩形度，图像的区域面积与其最小外接矩形的面积之比即为矩形度，它反映了区域对其最小外接矩形的充满程度。当区域为矩形时，矩形度为1；当区域为圆形时，矩形度为π/4；对于不规则的区域，矩形度介于0~1之间。

（3）面积凹凸比，是叶片面积与叶凸面积的比值。

（4）圆周长凹凸比，是叶片周长与叶凸包周长的比值。

（5）球型度，是叶片的内切圆半径与外切圆半径的比值，用来描述物体边界的复杂程度。

（6）圆形度，用来表示边界各点到叶片区域重心的平均距离与距离的均方差的比值。

（7）偏心率，是叶片长轴和短轴的比值。

（8）形状因子，是叶片面积和叶片周长平方值的比值。

（9）最佳匹配椭圆，是能够包围目标叶片图像的最小椭圆。

2.2.3 纹理特征

纹理的形成与灰度分布在空间位置上的反复出现有关，在图像空间中，有某种位置关系的两个像素间会存在一定的灰度关系，称为图像中灰度的空间相关特性。灰度直方图是对图像的单个像素进行某个灰度值的统计的结果，灰度共生矩阵是统计图像上有着特定方向和特定距离的两个像素分别具有的灰度状况并反映了图像变换的综合信息。灰度共生矩阵就反映了像素灰度相对位置的空间信息。灰度共生矩阵是一种通过研究图像灰度的空间相关特性从而描述图像纹理的方法，它将图像的灰度信息和之间的结构转化为量化的矩阵，即将纹理的识别过程转化成计算矩阵中的元素的过程，这样做处理起来很方便并且结果清晰。

灰度共生矩阵是图像像素的联合概率分布，也是纹理分析中常用的统计方法（Hassan M.，et al.，2012）。在图像的纹理特征中，灰度共生矩阵是研究图像纹理特征的一个有效方法，在图像分析、目标检测识别、生物学和医学等领域有着广泛应用。灰度共生矩阵的各个元素，由图像中两个位置上的像素组成的像素对应灰度级联合概率密度定义。灰度共生矩阵是建立在图像的二阶组合条件概率密度函数的基础上，即通过计算图像中特定方向和特定距离的两像素间从某一灰度过渡到另一灰度的概率，反映图像在方向、间隔、变化幅度及快慢等方面的综合信息。

（1）二阶矩

二阶矩反映了图像灰度分布的均匀程度和纹理粗细度。因为它是灰度共生矩阵各元素的平方和，又称为能量。二阶矩值大时纹理粗，能量大；反之，纹理细且能量小。

（2）对比度

对比度可理解为图像的清晰度。对比度大，纹理的沟纹深，图像清晰；反之则沟纹浅，图像模糊。

（3）相关

相关是用来衡量灰度共生矩阵元素在行或列方向上的相似程度。例如，水平走向纹理在水平方向上的相关就大于其他方向上的相关。

（4）熵

熵是图像所具有信息的度量，反映了图像中纹理的复杂程度或非均匀度。若图像没有任何纹理，则灰度共生矩阵几乎为零矩阵，熵值接近为零；若图像有较多的细小纹理，则灰度共生矩阵中的数值近似相等，则图像的熵值最大；若图像中分布着较少的纹理，则该图像的熵值较小。

（5）逆差矩

逆差矩可提取出图像旋转不变的特征，简单的方法是针对 0°、45°、90°和 135°角度下的同一特征求平均值和均方差。

纹理特征被广泛应用于图像识别和图像分类等领域。许多专家和学者都提出了不同的纹理特征提取方法，如灰度共生矩阵、自相关函数法和灰程长度法等；同时，专家和学者们也提出了许多新的纹理特征提取理论，如分形理论、马尔可夫随机场理论和小波理论等。本章从特征、模型和结构等方面总结了近年来纹理特征的提取方法和分类，包括几何方法、结构方法、模型方法和信号处理方法等。而基于叶片图像特征并融合观叶鉴定植物物种的方法，已被大多数专家和学者接受。

纹理特征的提取方法分为 3 类：统计方法、结构方法和频谱法。具体内容如下：

（1）统计法。在统计法中常用的有直方图法、灰度梯度法、自相关函数法和共生矩阵法。直方图法又分为窗口直方图法和边缘直方图法（林丰艳，2009）。

视觉系统所观察到的图像窗口中的纹理基元必然对应于一定概率分布的直方图，其间存在着一定的对应关系。根据这个特点，可以让计算机来开展两个大小相仿的图像窗口的纹理基元的计算和分析。边缘直方图方法就是沿着边缘走向像素的邻域分析其直方图。若某一范围内有尖峰，就说明在这个灰度范围内，纹理具有方向性。但是这种方法只能用来识别某些纹理。

灰度梯度矩阵法就是计算一个小区域的灰度梯度，找出其方向，然后将若干个小区域的方向加以综合，就可以找出该区域的纹理基元或纹理走向。

（2）结构分析法。结构分析法是从像素出发，检测出纹理基元，并找出纹理基元的排列信息，建立纹理基元模型。结构分析法运用形式语言来描述各种纹理单元及其排列规则，再通过语言的重新组织而形成所需的纹理模式。

（3）频谱法。借助 Fourier 频谱的频率特征来描述周期或近乎周期的二维图像模式的方向性。Fourier 频谱中的尖峰对应纹理模式的主方向，这些峰在频域平面的位置对应模式的基本周期，一旦将周期性成分滤出后，剩下的非周期性部分就可用统计方法描述。

2.2.4　常用的叶片图像分类器

提取出植物叶片的特征后，需要根据其特征向量来进行识别。本章将详细介绍 K 最近邻（KNN）、K 均值（K-means）、支持向量机（SVM）、人工神经网络（ANN）和移动中心超球分类器（MCH）等分类器。

2.2.4.1　KNN

KNN 是模式识别领域中最常用的分类器。所谓 K 最近邻，就是 K 个最近的邻居的意思，说的是每个样本都可以用它最接近的 K 个邻居来代表。该分类器原理简单，操作容易，因此被广泛应用于分类和识别领域。它也是数据挖掘分类技术中最简单的方法之一。KNN 算法的核心思想是，如果某一样本在特征空间中 K 个最相邻的样本中的大多数属于某一个类别，则该样本也属于这个类别，并具有这个类别上样本的特性。该方法在确定分类决策上只依据最邻近的一个或者几个样本的类别来决定待分样本所属的类别。KNN 方法在决策时，只与极少量的相邻样本有关。由于 KNN 方法主要靠周围有限的邻近样本，而不是靠判别类域的方法来确定自己的所属类别，因此对于类域交叉或重叠较多的待分样本集来说，KNN 方法较其他方法更为适合。

2.2.4.2　K-means

K-means 算法是一种聚类算法，其基本思想如下所述：

首先，在输入的数据集中选择 A 个数据点作为初始聚类中心点。其次，扫描数据集中的所有数据点，计算每个数据点到这 A 个初始聚类中心点的距离。再次，选择距离最近的那个中心点，将该数据点归类到该中心点所在的聚类中。当所有数据点都扫描完毕后，更新各个聚类的中心点。最后，重复上述步骤并不断迭代，直到算法开始收敛。收敛的条件为达到预先设置的迭代次数，或者聚类中心点的变化不超过预先设定的阈值。这样的聚类将会使各聚类的内部数据点尽量相似，而不同的聚类之间则尽量不同。

2.2.4.3　SVM

SVM 是 Corinna Cortes 和 Vapn 在 1995 年首次提出的一种模式识别算

法，主要建立在统计理论的基础之上。SVM能够很好地解决如下问题：非线性和高维模式识别问题、小样本问题。SVM在刚提出时只适用于线性可分的类别，之后随着要求的提高，利用增加维度的方法将其应用到线性不可分和非线性函数等的情况中。SVM通过非线性变换将输入样本集映射到高维特征空间，从而改善样本集的分离状况。SVM主要应用于模式识别领域，用来解决小样本、非线性样本和高维样本等的模式识别问题。在二维平面上，可以通过最优分类线来正确分类线性可分的两类数据样本，同时使两类样本的分类间隔最大。对高维空间样本进行分类时，二维空间的分类线在高维空间就演变成了分类面。SVM的非线性分类则由高维样本线性可分的最优分类面演变而来。

2.2.4.4　ANN

ANN是人类在对大脑神经网络认识和理解的基础上，人工构造的能够实现某种功能的神经网络。ANN在植物叶片识别领域中的应用很广泛，其基本思想是先得到植物叶片的形状、纹理和颜色等特征，然后将这些特征向量作为分类器的输入特征矢量，在经过网络训练后，对植物叶片进行分类识别。目前，主要应用在植物叶片识别上的人工神经网络分类器有BP神经网络、概率神经网络和自组织特征映射网络等几种。

BP神经网络分类器具有较好的自学习性、自适应性、鲁棒性和泛化性等特点。概率神经网络分类器是径向基网络的一个重要分支，其分类器是一种有监督的网络分类器，其优点是学习速度较快、收敛性好、网络结构设计灵活方便，比BP神经网络的识别率更高；然而在识别过程中，随着训练集中植物叶片种类的增加，其运算速度会减慢。自组织特征映射网络分类器是于1981年提出的一种由全连接的神经元阵列组成的自组织、自学习网络分类器，可以直接或间接地完成数据压缩、概念表示和分类等任务。多项实验表明，自组织特征映射网络分类器的识别率在90%以上。

2.2.4.5　MCH

移动中心超球分类器（Moving Center Hypersphere，MCH）是近年来新

提出的一种分类器，它是一种对参考样本进行压缩的方法。其基本思想是用超球代表一簇点，对每种样本用若干个超球去逼近，并且移动超球的中心和努力扩大超球的半径，使它包含尽可能多的样本点，以便实现多个超球包含样本空间中的所有样本点。

有学者提取出叶片的形状特征后，利用 MCH 进行识别，在与其他分类器进行比较后，发现此分类器在识别时间和存储空间上更有优势。当叶片样本的数量和分类特征较多时，MCH 通过对样本数据的压缩处理，可以有效减少存储空间和计算时间，但它的识别率比人工神经网络分类器要低一些（王晓峰等，2006）。在此基础上，有学者又提出了一种移动中值中心超球分类器（Move Median Center Hypersphere，MMCH），该方法在 MCH 分类器的基础上对判断准则做了改进，实验提取了 15 个植物叶片的特征去识别 20 种植物的叶片，结果表明，该方法在实际工作中是有效的（Du et al.，2007）。

2.2.4.6　遗传算法

遗传算法主要用在特征分类和特征选取领域，它的基本目的就是最优化遗传算法，能在不用计算梯度信息和权重初始化的情况下，高效得到接近最优化的连接权重。首先，采用某种编码方式将解空间映射到编码空间，使每个编码对应问题的一个解（称为个体或染色体）；其次，随机确定初始的一群个体（称为种群）。在后续迭代过程中，按照适者生存原理，根据适应度的大小来挑选个体，并借助各种遗传算子对个体进行交叉和变异，生成代表新的解集的种群，该种群比前代更能适应环境，如此进化下去直到满足优化准则。遗传算法的主要优点是适应能力强，并且具有内在并行性。

2.3　植物叶片图像预处理技术

叶片特征是植物分类和鉴定的重要依据。由于植物叶片具有多样性，且其图像可能含有许多背景成分，故在分析之前对其图像进行预处理是非常必要的。由于预处理效果的好坏对叶片形状特征的提取有非常重要的影响，因此对预处理方法的选择显得非常重要。数学形态学是一项用于图像处理和模式识别的新方法，是生物学的一个分支，用来研究动物和植物的形状和结构。本书依据数学形态学对植物叶片图像开展预处理，并保证处理后的叶片图像有基本的形状和锐利边缘。

一般来说，图像的预处理过程主要包括消除噪声、去除背景和边缘检测3个环节。某些植物叶片可能由于遭受虫害或其他原因，在去除背景后叶片图像或许会出现小的孔洞，这将影响后面的操作，并导致不能准确提取叶片特征。为此，在去除背景之后，可以利用预处理模型对图像开展数学形态处理，利用数学形态学的闭运算来消除这些孔洞。

2.3.1 叶片图像获取

最常用的获取图像的方法是借助数码相机，其优点包括：不会破坏植物的群体结构，能真正测试叶片的生长规律，不依赖于统计规律。但是，该方法需要对测量系统进行校准，在开展分析运算的时候，要根据被选中参照物的实际尺寸和图像中尺寸的比例，来计算叶片的实际参数。扫描仪能够提供一定精度的图像分辨率信息，可以选取一个物体作为标准参考物，并且不需要在每幅叶片图像中加入参照物。用扫描仪扫描的方式来获取图像可以提高测量的精度，而且更方便计算。在有扫描仪的条件下可以优先选用扫描仪开展图像的获取工作。

2.3.2 叶片图像预处理

无论采用何种图像获取设备，输入的图像往往总是不能令人满意，如图像中含有噪声、目标不清晰，以及有其他物体的干扰等。从图像质量的角度来说，预处理的主要目的就是提高图像的辨识度。图像预处理是相对于特征提取、图像识别而言的一种前期处理，目的是去除噪声，对由测量仪器或其他因素所造成的退化现象进行复原。

图像去噪、增强和复原等操作都属于预处理的范畴，都可以视为对图像底层的处理工作。图像分割包括提取和描述底层处理过的图像，可更加了解图像的大小、位置和灰度级等信息，还可以修饰物体的边缘，以及对各个感兴趣的部分进行分割，以便能提取其特征。在对目标物体进行特征提取以前，最好能够准确定位，使提取出的特征不随图像平面中物体的位置、旋转角度和尺度的变化而变化，此时就需要进行目标物体的位置归一化操作。

无论是图像分割还是位置归一化操作，这些处理都属于图像识别之前的准备工作，因此也可将其视为预处理方面的内容。其实，预处理的实质就是按实际情况对图像进行适当的变换，从而突出某些有用的信息，去除或削弱无用的信息。针对不同的图像处理要求，应该选择不同的预处理方法，本节的预处理主要包括彩色图像的灰度化、图像分割、图像消噪、灰度图像的二值化、形态处理和尺寸标准化等环节。

2.3.3　彩色图像的灰度化

在 RGB 模型中，如果 R＝G＝B，则彩色表示一项灰度颜色，其中 R＝G＝B 的值叫灰度值，灰度图像中的每个像素只需一个字节来存放灰度值（又称强度值、亮度值），灰度范围为 0~255。彩色图像灰度化等方法包括分量法、最大值法、平均值法和加权平均法等 4 种。

（1）分量法。彩色图像中 R、G、B 3 个分量的亮度是 3 个灰度图像的灰度值。这种方法有 3 种灰度图可供选择，分别是 R 分量灰度图、G 分量灰度图和 B 分量灰度图，可以根据需要选择其中的任何一项。

$$f(i, j) = \begin{cases} R(i, j) \\ \text{或} \\ G(i, j) \\ \text{或} \\ B(i, j) \end{cases} \tag{2-2}$$

（2）最大值法。把彩色图像中 3 个分量的最亮者确定为灰度值。

$$f(i, j) = \max(R(i, j),\ G(i, j),\ B(i, j)) \tag{2-3}$$

（3）平均值法。把彩色图像中 3 个分量的亮度平均值确定为灰度值。

$$f(i, j) = (R(i, j) + G(i, j) + B(i, j))/3 \qquad (2\text{-}4)$$

（4）加权平均法。对 R、G、B 3 个分量进行加权平均，能够获得更合理的灰度图像。

$$f(i, j) = 0.3R(i, j) + 0.59G(i, j) + 0.11B(i, j) \qquad (2\text{-}5)$$

2.3.4　图像分割

在对图像的研究和应用过程中，人们往往只对图像中的某些部分感兴趣。为了辨识和分析植物叶片图像中的特定目标，需要将特定目标从植物叶片图像中提取出来，图像分割的过程就是提取目标区域的过程。提取出的这部分图像常称为目标或前景（其他部分称为背景），它们一般对应图像中特定的、具有独特性质的区域。

本书的第 3 章，将介绍一些图像分割方法，为图像的特征提取和识别工作做好准备。

2.3.5　图像消噪

在实际应用过程中，任何一种图像都可能存在噪声，它们可以在传输过程中产生，也可以在量化过程中产生。与此类似，在采集过程中植物的叶片图像会产生各种不同的噪声，因此一定要对图形消噪处理。消噪的目的是，在尽可能保持原始信号主要特征的同时，除去信号中的噪声。图像中的噪声往往和图像信息交织在一起，如果滤除不当，将使图像的质量下降。因此，如何既能滤除掉图像中的噪声，又能尽量保持图像的细节，是图像消噪工作的关键内容之一。

常用的图像消噪方法如下：

（1）中值滤波。中值滤波是常用的非线性滤波方法，也是图像处理技术中最常用的预处理技术。它可以克服线性滤波器给图像带来的模糊问题，在有效清除颗粒噪声的同时，又能保持良好的边缘特性，从而获得较满意的滤波效果，特别适合于去除图像中的椒盐噪声。其实现原理如下：

将某个像素邻域中的像素按灰度值进行排序，然后选择该序列的中间值作为输出的像素值。其具体的操作过程是：首先，确定一个以某个像素为中心点的领域，一般为方形领域（如 3×3、5×5 的矩形领域）。其次，对领域中各个像素的灰度值加以排序。假设其排序为（邓继忠，2005）$X_1 \leqslant X_2 \leqslant X_3 \leqslant \cdots \leqslant X_n$。最后，取排好的序列的中间值 Y 作为中心点像素灰度的新值。

$$Y = Med(X_1, X_2, X_3, \cdots, X_n) = X_{(1+n)/2}, \ n \text{ 为奇数} \qquad (2\text{-}6)$$

$$Y = Med(X_1, X_2, X_3, \cdots, X_n) = 1/2 \times \left[X_{n/2} + X_{(1+n)/2} \right],$$
$$n \text{ 为偶数} \qquad\qquad (2\text{-}7)$$

这里的邻域通常被称为窗口。当窗口在图像中上下左右移动时，利用中值滤波算法可以很好地对图像进行平滑处理操作。当椒盐噪声密度较小时，尤其是孤立的噪声点，用中值滤波法的效果非常好；但在椒盐噪声密度增加时，中值滤波法的消噪能力将下降。虽然可以采用多轮迭代方式对滤波后的图像再次使用中值滤波法加以处理，但会造成更大的细节损失。

（2）均值滤波。均值滤波是典型的线性滤波算法，其采用的主要方法为邻域平均法（王侯芳等，2009）。该方法在处理当前像素点 (x, y) 时，先选择一个模板，该模板由其近邻的 m 个像素组成，在求模板里所有像素的均值后，再把该均值赋予当前像素的算术平均值 $g(x, y) = \dfrac{1}{m} \sum f(x, y)$，作为邻域平均处理后的灰度值。

该方法运算简单，对高斯噪声具有非常强的消噪能力。均值滤波相当于低通滤波器，这种低通性能在平滑噪声的同时，会模糊信号的细节和边缘，即在消除噪声的同时也会对图像的高频细节成分造成破坏，使图像变得模糊。均值滤波对高斯噪声、乘性噪声的抑制效果比较好，但对椒盐噪声的抑制效果不好。为了改善均值滤波的细节对比度不好、区域边界模糊等缺陷，常用门限法来抑制椒盐噪声和保有图像的细小纹理，用加权法来改善图像的边界模糊问题。

（3）维纳滤波。维纳滤波法最早由维纳在 1942 年提出，是一项对退化图像开展恢复处理的常用算法，也是最早为人们所熟知的线性图像复原方法（王侯芳等，2009）。其设计思路是用输入信号乘以响应后得到的实际输出，与期望输出的均方误差为最小。其数学形式比较复杂：

$$F(u, v) = \left[\frac{1}{H(u, v)} \times \frac{|H(u, v)|^2}{|H(u, v)|^2 + S_n(u, v)/S_f(u, v)}\right] G(u, v)$$

（2-8）

其中，$S_n(u, v)$ 表示噪声的功率谱，$S_f(u, v)$ 表示未退化图像的功率谱。

在开展实际处理时，往往不知道噪声函数 $S_n(u, v)$ 和 $S_f(u, v)$ 的分布情况，因此在实际应用时多采用如下公式：

$$F(u, v) = \left[\frac{1}{H(u, v)} \times \frac{|H(u, v)|^2}{|H(u, v)|^2 + K}\right] G(u, v) \qquad （2-9）$$

其中，K 是一个预先设定的常数。维纳滤波法对高斯噪声、乘性噪声都有明显的抑制作用，与中值滤波法和均值滤波法相比，维纳滤波法对这两种噪声的抑制效果更好，缺点是容易失去图像的边缘信息。维纳滤波法对椒盐噪声几乎没有抑制作用。

（4）高斯滤波。这是一种根据高斯函数的形状来选择权值的线性平滑滤波器。由于二维高斯函数具有旋转对称性，因此可以保证滤波时各方向的平滑程度相同，对于滤除服从正态分布的噪声十分有效。

在实际计算过程中，也可将高斯权系数直接与图像信息做模板卷积运算，由于高斯滤波器也是线性滤波器，因此在使用高斯滤波后图像也会变得模糊。

（5）双边滤波器。双边滤波的概念由 Tomasi 和 Manduchi 提出，该方法在处理相邻各像素的灰度值时，不仅考虑到了几何位置上的邻近关系，也考虑到了灰度上的相似性，通过对二者的非线性组合自适应滤波后得到平滑图像。该方法是在高斯滤波的基础上提出的，主要是针对高斯滤波中将高斯权系数直接与图像信息做卷积运算进行图像滤波的原理，将高斯权系数优化成高斯函数和图像灰度值信息的乘积，再将优化后的权系数与图像信息作卷积运算。因此，双边滤波的权系数是随着原始图像边缘信息的变化而变化的，这样就能在滤波的同时，考虑到图像中的边缘信息，使图像在正常高斯滤波后变得很模糊的边缘信息得以保持清晰且图像边缘更加平滑。

此外，梯度倒数加权平均法滤波、最大均匀性平滑滤波、低通空域滤波、Sigma 平滑滤波和卡尔曼滤波等也是一些常用的滤波算法（邓继忠，2005）。

由于扫描的过程是比较理想化的，因此产生的噪声大部分是随机噪声，同时会带有少量的椒盐噪声。如果目的只是去除噪声干扰，而不是刻意让图像变得模糊，则中值滤波是比较好的选择。中值滤波可以非常好地抑制图像中的脉冲干扰。同时，中值滤波选择的窗口尺寸将直接影响滤波的效果。多次实验表明，中值滤波器的窗口选 3×3 型时效果最好，模糊程度最低。

2.3.6　灰度图像的二值化

通常，对叶片图像开展二值化的目的是将叶片和其背景分开并形成二值图像。由于叶片图像的颜色差异问题，灰度图像很难使用均匀灰度阈值进行分割，因此我们必须为每张图像设置各自的灰色阈值，即每张叶片图像的二值化阈值是不同的。

（1）迭代阈值选择法。迭代阈值选择法是植物叶片研究领域一种比较常用的计算灰度门限的方法，具体步骤如下：

第 1 步，求出整幅图像的最大灰度值和最小灰度值，分别记为 Ta 和 Tb，令初始灰度门限 $T0 = (Ta + Tb)/2$；

第 2 步，根据灰度门限 $T0$ 将图像分割为前景和背景，分别求出两者的平均灰度值 $Z1 = (Ta + T0)/2$，$Z2 = (T0 + Tb)/2$；

第 3 步，据此求出新灰度门限 $T1 = (Z1 + Z2)/2$；

第 4 步，若 $T1 = T0$，则 $T0$ 为灰度门限，否则用 $T1$ 代替 $T0$ 重复上一步骤继续迭代计算，将图像分割为新前景和背景并求出新的平均灰度值，再根据新的平均灰度值求新灰度门限 $T2$，以此类推，一直到 $Tn = Tn - 1$，则迭代计算停止，Tn 为所求的灰度门限。

（2）最大类间方差法。该方法可以尽量小地改变灰度图像的面积。具体步骤如下：

第 1 步，选择一个阈值 t，将图像的像素分为 c_1 和 c_2 两组，像素数为 w_1 和 w_2。计算两组的灰度平均值和方差，分别为 m_1 和 m_2、σ_1^2 和 σ_2^2。

第 2 步，计算灰度平均值为

$$m = (m_1 w_1 + m_2 w_2)/(w_1 + w_2) \tag{2-10}$$

组内方差为

$$\sigma_w^2 = w_1 \sigma_1^2 + w_2 \sigma_2^2 \tag{2-11}$$

组间方差为

$$\sigma_b = w_1 w_2 (m_1 - m_2)^2 \tag{2-12}$$

第 3 步，改变 t 值，使 σ_b^2 / σ_w^2 最大，此时的 t 值即为分割阈值。

（3）聚类分析。对于植物叶片而言，背景像素之间、叶片像素之间比背景和叶片之间有更多的相似性。聚类分析的算法原理如下（靳华中，2011）：

第 1 步，每个样本都被扫描，每一个样本基于它与扫描样本的距离，被归类以前的类或生成一个新的类。

第 2 步，按照类间距离对第一步中的各类进行合并。

（4）最佳直方图熵方法。通过分析图像灰度直方图的熵，找出最佳阈值（吴玲艳，1993）。对于灰度范围为 $\{0, 1, \cdots, L-1\}$ 的图像，设分割阈值为 t，则目标 O 和背景 B 服从两个不同的概率分布：

$$O: \frac{p_0}{p_t}, \frac{p_1}{p_t}, K, \frac{p_t}{p_t}$$

$$B: \frac{p_{i+1}}{1-P_t}, \frac{p_{i+2}}{1-P_t}, K, \frac{p_{L-1}}{1-P_t}$$

根据香农熵的概念，定义与这两个概率分布相关的熵为

$$H(O) = \ln P_t + \frac{H_t}{p_t} \tag{2-13}$$

$$H(B) = \ln(1 - P_t) + \frac{H_{L-1} - H_i}{1 - P_t} \tag{2-14}$$

式中：

$$Pt = \sum_{i=0}^{t} p_i \tag{2-15}$$

$$H_t = \sum_{i=0}^{t} p_i \ln p_i \tag{2-16}$$

$$H_{L-1} = -\sum_{i=0}^{L-1} p_i \ln p_i \tag{2-17}$$

Kapur 定义准则函数 $\Psi(t)$ 为 $H(O)$ 和 $H(B)$ 之和，即有

$$\Psi(t) = H(O) + H(B) = \ln P_t + \frac{H_t}{p_t} \ln(1 - P_t) + \frac{H_{L-1} - H_i}{1 - P_t} \tag{2-18}$$

使 $\Psi(t)$ 最大的灰度级 t 就是所求出的最优阈值 T，即 $T = \max \Psi(t)$，$(0 < t < L - 1)$。

如果采用的叶片图像的背景都很简单，则建议采用一项更简单的阈值分割的方法——可以任意设定一个阈值以达到想要的二值化效果，并且它不受算法的限制。

注意：在以上方法都不能取得理想效果的时候，可以选择手动取值。

2.3.7　形态学处理技术

如果所选取的叶片曾遭受过虫害而导致在其内部存在一些孔洞，则将影响叶片特征参数的精确计算。因此，必须对去除背景后的图像开展进一步处理，以消除孤立噪声点和叶片内部孔洞，得到完整、精确的二值化叶片图像。针对上述问题，可以采用数学形态学的方法进一步处理图像。

数学形态学基于对图像形态的特征开展分析，其定义了两种基本的变换，即腐蚀（Erosion）和膨胀（Dilation），形态学的其他运算都由这两种基本运算复合而成。

腐蚀表示用某个结构元素对一幅图像开展"探测"，找出在图像内部

可以放下该结构元素的区域。定义如下：

设 f 为一灰度图像，h 为一个灰度结构元，则有

$$(f \, ! \, h)(r, c) = \max\{f(r + i, \, c + j) - h(i, \, j)\} \qquad (2\text{-}19)$$

其中 ! 代表腐蚀运算。

膨胀是腐蚀运算的对偶运算。定义

$$(f \, '' h)(r, c) = \max\{f(r - i, \, c - j) + h(i, \, j)\} \qquad (2\text{-}20)$$

其中 " 代表膨胀运算。

可以采用数学形态学里的闭运算去除叶片图像上的孔洞，闭运算定义为一个膨胀运算紧接一个腐蚀运算，也就是说，先对去除背景的二值化叶片图像进行膨胀运算，再进行腐蚀运算，经过多次处理之后，即可消除叶片图像上的孔洞。同时，为了消除图像中的孤立噪声点，可以使用数学形态学中的开运算——对图像先进行腐蚀运算，再进行膨胀运算，多次处理之后，即可消除图像中的孤立噪声点。下面将对腐蚀、膨胀、闭运算和开运算做进一步介绍。

（1）腐蚀。集合 A 被集合 B 腐蚀，表示为 $A\Theta B$，其定义为

$$A\Theta B = \{x : B + x \subset A\} \qquad (2\text{-}21)$$

其中，A 是被处理的集合，B 是结构元素，对于任意一个在 A 内的像素点 x，Bx 包含于 A，则该像素点 x 被保留。所有被保留的 x 点的集合就是 A 被 B 腐蚀的结果，见图 2-4（b）。

不同的"探头"腐蚀同一个输入图像得到的结果不一定相同。腐蚀还有另外的表达方式：

$$A\Theta B = \cap \{A - b : b \in B\} \qquad (2\text{-}22)$$

输入图像并平移 b（b 属于 b 结构单元），然后计算所有平移的交点，得到腐蚀图像。二次腐蚀可以去除目标的边界点。如果结构单元采用 3×3 模块，则称为简单腐蚀。

（2）膨胀。膨胀的定义是：把结构元素 S 平移 x 后得到 Sx，在 x 被 Sx 击中的情况下，记下 x 点。所有满足上述条件的 x 点组成集合 X，是被 S 膨胀的结果，表示为

$$A \oplus B = A\left[A^{C} \ominus (-B) \right]^{C} \qquad (2\text{-}23)$$

其中，A 是被处理的集合，B 是结构元素，对于任意一个在 A 内的像素点 x，Bx 包含于 A，则该像素点 x 被保留。所有被保留的 x 点的集合就是 A 被 B 腐蚀的结果。

将目标区域边缘的背景点集成到目标区域就称为膨胀。经过此操作后，目标区域将增加相应的点。当两个单独的结构元素接近目标区域的距离足够短时，这两个目标区域的扩张可能会融合在一起。

因此，通过膨胀运算之后，分割目标区域里的空洞可以被填充。膨胀还有一项表达方式：

$$A \oplus B = \cup \{ A + b : b \in B \} \qquad (2\text{-}24)$$

根据这种表达，膨胀运算可以通过结构元素 B 来移动图像 A，并计算其非集（李然，2008）。见图 2-4（c）。

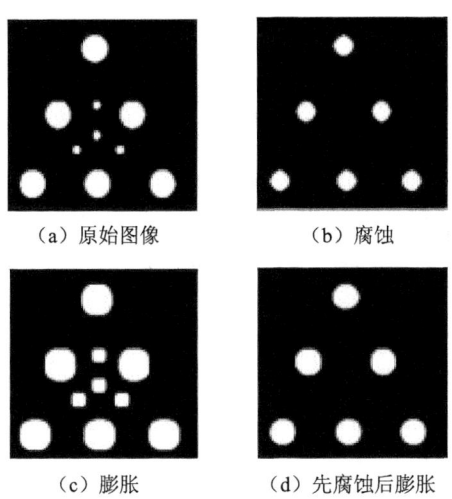

（a）原始图像　　　　（b）腐蚀

（c）膨胀　　　　（d）先腐蚀后膨胀

图 2-4　图像的形态学处理方法

（3）闭运算。先膨胀后腐蚀的运算叫作闭运算。一般来说，闭运算能够有效地填充物体内部细小的孔洞，弥合小裂缝，而总的位置和形状不变。闭运算的符号表示为 $A \cdot B$，表示用 B 对 A 开展闭运算（李然，2008）。其定义为

$$A \cdot B = (A \oplus B) \ominus B \qquad (2-25)$$

闭运算相当于有一个小圆盘在目标区域的外边缘滚动，其本质是目标区域的外部滤波，它只对图像内部的锐角开展磨削。

（4）开运算。先腐蚀后膨胀的运算称为开运算。一般来说，开运算可以有效消除图像中的细小物体、毛刺和小桥（即连通两块区域的小点），能在纤细连接点处分离物体，能够平滑较大物体的边界但不明显改变物体的边界。开运算的符号表示为 $A \bigcirc B$，表示用 B 对 A 开展开运算，其定义为

$$A \bigcirc B = (A \ominus B) \oplus B \qquad (2-26)$$

通过对图像内部结构要素的并计算，对每一个都可以填入标记的位置，计算结构元素到每个标记位置的平移"并"，则得到开运算结果。如果在一个矩形上做开运算操作，可以使矩阵内角变圆，这种结果可以通过滚动矩形内的圆盘得到，并计算可以填充的矩形。

如图 2-5 所示，这是开、闭运算使用举例。除二值腐蚀和膨胀、二值开闭运算以外，还有骨架抽取、极限腐蚀和灰值形态学梯度等多种形态学处理方法，这里不再详细介绍。

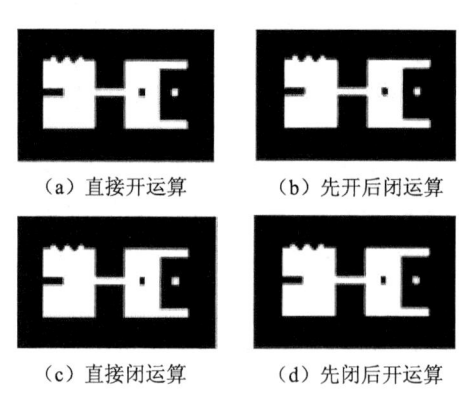

（a）直接开运算　　　　　（b）先开后闭运算

（c）直接闭运算　　　　　（d）先闭后开运算

图 2-5　开、闭运算使用举例

2.3.8　尺寸标准化

如果植物叶片的大小不一，在特征提取时便会造成其维数不同，导致无法识别植物的类别。在使用扫描仪时，由于获得的叶片图像较大，使得计算量非常大，故需要对图像尺寸进行归一化处理。例如，尺寸为 400×400 像素大小，这样既可以尽可能地保留叶片图像信息，又能使每个叶片的最小尺寸大于归一化尺寸。因此在归一化时只需要进行缩小变化（放大变化会使图像变得模糊，并且可能会出现图像中原本没有的特征）。经过缩小变化所产生的图像，其中有的像素可能在原图像中找不到相应像素，此时一般需要进行插值处理。同时，有些植物叶片的柄部具有凹槽并且向某一方向倾斜，会影响实验效果，可以对扫描获取的叶片图像进行左右转置处理（水平镜像），以消除凹槽造成的影响。

参考文献

［1］陈爱军．基于图像处理的植物叶片参数的测量［J］．东北林业大学学报，2009，37（4）：46-47.

［2］邓继忠，张秦玲．数字图像处理技术［M］．广州：广东科技出版社，2005：120-130.

［3］黄德双．神经网络模式识别系统理论［M］．北京：电子工业出版社，1996.

［4］侯铜，姚立红，阚江明．基于叶片外形特征的植物识别研究［J］．湖南农业科学，2009，4：123-125.

［5］林开颜，徐立鸿，吴军辉．计算机视觉技术在植物生长监测中的研究进展［J］．农业工程学报．2004，20（2）：279-283.

［6］李然．基于数学形态学的植物叶片图像预处理［J］．农业网络信息，2008，1：43-45.

［7］陆宗骐，童韬．链码和在边界形状分析中的应用［J］．中国图象

图形学报，2002，7（12）：1323-1328.

[8] 吴玲艳，沈庭芝，方子文，等．基于直方图熵和遗传算法的图像分割法 [J]. 兵工学报，1999：3.

[9] 吴翠珍，王晓峰，杜吉祥，等．植物叶片图像识别系统在植物园发展中的应用研究 [C] //佚名．中国植物园学术年会．[出版地不详：出版者不详]，2008.

[10] 王俊芳，王正欢，王敏．常用图像去噪滤波方法比较分析 [J].现代商贸工业，2009，21（16）：310-311.

[11] 王晓峰，黄德双，杜吉祥，等．叶片图像特征提取与识别技术的研究 [J]. 计算机工程与应用，2006，42（3）：190-193.

[12] 徐散恺郭楠，葛庆平，等．计算机视觉技术在植物形态测量中的应用 [J]. 计算机工程与设计，2006，27（7）：1134-1136.

[13] 林丰艳．基于图像多分辨率分析的植物叶片识别系统的研究 [D]. 曲阜：曲阜师范大学，2009.

[14] 苏玉梅．植物叶片图像分析方法的研究与实现 [D]. 南京：南京理工大学，2007.

[15] 胡秋萍．基于叶片形状特征的植物识别技术研究 [D]. 西安：西安电子科技大学，2014.

[16] 张俭．基于核外渲染的大规模红外场景实时仿真系统研究 [D]. 西安：西安电子科技大学，2014.

[17] 黄志开．彩色图像特征提取与植物分类研究 [D]. 合肥：中国科学技术大学，2006.

[18] 贺鹏．基于叶片综合特征的阔叶树机器识别研究 [D]. 咸阳：西北农林科技大学，2008.

[19] 王晓峰，黄德双，杜吉祥，等．叶片图像特征提取与识别技术的研究 [J]. 计算机工程与应用，2006，42（03）：194-197.

[20] 陈春．便携式智能信息终端的叶面积测量系统开发 [D]. 南京：南京理工大学，2008.

［21］张宁，刘文萍．基于图像分析的植物叶片识别技术综述［J］．计算机应用研究，2011，28（11）：4001-4007．

［22］王克如．基于图像识别的植物病虫草害诊断研究［D］．中国农业科学院，2005．

［23］李建银．南林-895 杨组培苗维管系统细胞形态变异与发育［D］．南京：南京林业大学，2010．

［24］叶萍．基于神经网络的植物叶片分类识别［D］．苏州：苏州大学，2010．

［25］张宁．基于图像分析的植物叶片识别算法研究［D］．北京：北京林业大学，2013．

［26］满庆奎．复杂背景下植物叶片图像分割算法及其应用研究［D］．曲阜：曲阜师范大学，2009．

［27］岑喆鑫．基于计算机视觉技术的黄瓜叶部病害自动诊断研究［D］．北京：中国农业科学院，2008．

［28］刘洪见．图像处理技术在获取夏玉米冠层信息和氮肥诊断中的应用［D］．北京：中国农业大学，2005．

［29］佚名．叶色变化［EB/OL］．［2018-07-03］http：//wenku.baidu.com，2012．

［30］王文娣，杨静，霍晓静．利用虚拟仪器技术改革创新实验教学模式［J］．河北农业大学学报（农林教育版），2012，14（2）：53-55．

［31］唐小岚，邓焱，杜晓．基于 LabWindows/CVI 的直线一级倒立摆系统 PID 控制［J］．唐山师范学院学报，2017，39（2）：62-64．

［32］涂昕．十一月采绿记：野苹果成熟的季节［J］．长城，2012，9：163-175．

［33］马珍玉，王树森，聂磊，等．基于 MATLAB 的植物叶片识别研究与实现［J］．内蒙古科技与经济，2016（9）：48-49．

［34］马芸．基于 LabWindows/CVI 惯导模拟器软件的设计与实现［J］．科技视界，2014，16：104-106．

［35］佚名．光合作用——高中生物教案［EB/OL］．［2018-07-03］．http：//www. digisafe. com，2010.

［36］张全法，常丽萍，王金翠，等．植物叶片面积的图像信息测量系统及方法［J］．河南农业大学学报，2004，38（3）：343-349.

［37］唐国龙．高中生物课教学中加深学生对光合作用理解的措施［J］．考试周刊，2013（97）：147.

［38］贾俊丽，刘艳艳，谈建中．桑树形态变异研究进展［J］．中国蚕业，2008，29（3）：4-6.

［39］马浩，景军锋，李鹏飞．基于机器视觉的管纱毛羽检测［J］．西安工程大学学报，2017，31（3）：377-382.

［40］王萍，唐江丰，王博，等．基于数学形态学的植物叶片图像分割方法研究［J］．浙江农业学报，2012，24（3）：509-513.

［41］佚名．基于 MATLAB 的运动物体轨迹跟踪［EB/OL］．［2018-07-03］．http：//www. docin. com，2016.

［42］佚名．基于 MATLAB 的图像去噪算法仿真［EB/OL］．［2018-07-03］．http：//wenku. baidu. com，2017.

［43］佚名．基于 MATLAB 的图像去噪算法仿真［EB/OL］．［2018-07-03］．http：//max. book118. com，2016.

［44］佚名．利用 MATLAB 仿真软件实现图像的去噪处理［EB/OL］．［2018-07-03］．http：//wenku. baidu. com，2017.

［45］张旭东．计算机图像处理技术在车牌识别系统中的应用［J］．科学大众（科学教育），2014（12）：163-164.

［46］佚名．基于 MATLAB 的图像去噪算法的研究［EB/OL］．［2018-07-03］．http：//wenku. baidu. com，2012.

［47］佚名．基于滤波的图像降噪算法的研究［EB/OL］．［2018-07-03］．http：//wenku. baidu. com，2012.

［48］李然．基于数学形态学的车牌定位［J］．电脑知识与技术，2010，6（7）：1696-1698.

［49］陈朋．晶圆表面形貌的微分干涉系统设计及实验研究［D］．哈尔滨：哈尔滨工业大学，2010.

［50］孙露．复杂环境下的新型车牌定位算法的设计与实现［D］．长春：东北师范大学，2013.

［51］孙露，乔双．一种复杂环境下快速车牌定位的新方法［J］．东北师大学报（自然科学版），2013，45（2）：90-94.

［52］佚名．图像处理中消除噪声的方法研究［EB/OL］．［2018-07-03］．http：//max.book118.com，2015.

［53］秦净华．嵌入式牛乳质量综合检测系统的研究与开发［D］．上海：华东理工大学，2012.

［54］佚名．车牌识别系统［EB/OL］．［2018-07-03］．http：//wenku.baidu.com，2017.

［55］佚名．仿射不变性的特征提取［EB/OL］．［2018-07-03］．http：//wenku.baidu.com，2017.

［56］郭斌．图像去噪处理技术［D］．西安：西安电子科技大学，2012.

［57］蒙秀梅．智能图像技术研究及岩心图像自动识别系统［D］．北京：北京邮电大学，2011.

［58］俞维露．基于 Harris 角点和 SIFT 算法的泵体识别［D］．广州：华南理工大学，2011.

［59］胡秀丽．基于改进遗传算法的双阈值图像分割［J］．内蒙古科技与经济，2013（1）：91-92.

［60］夏凯．基于改进的 SUSAN 算法的火焰图像边缘检测研究［J］．现代电子技术，2015，436（5）：58-61.

［61］王娟．一种高效的 K-means 聚类算法［J］．科技信息，2012，25：168-168.

［62］项聪，陶永鹏．基于小波变换的图像增强处理算法的研究［J］．计算机与数字工程，2017，45（8）：1643-1646.

［63］严萍，曾金明．一种有效的车牌定位方法——数学形态学和字符边缘特征相结合的车牌定位方法［J］．西昌学院学报（自然科学版），2011，25（2）：51-53.

［64］张温琦．数据挖掘与用户的个性化需求——基于购物网站的分析［J］．金融经济，2017（10）：129-131.

［65］王雪，李伟，王伟．数字图像处理中边缘检测算子优缺点探讨［J］．科技创新导报，2011（16）：14-15.

［66］于林童，曲文白，余新波，等．数据挖掘方法在名老中医用药规律研究中的应用现状［J］．中医杂志，2017，58（10）：886-888.

［67］来燕子．基于计算机视觉的滴灌带孔位检测方法研究［D］．西安：西安电子科技大学，2010.

［68］王丽君．基于叶片图像多特征提取的观叶植物种类识别［D］．北京：北京林业大学，2014.

［69］佚名．图像处理实验指导书1～5［EB/OL］．［2018-07-03］．http：//wenku. baidu. com，2017.

［70］汤晓东，刘满华，赵辉，等．复杂背景下的大豆叶片识别［J］．电子测量与仪器学报，2010，24（4）：385-390.

［71］蒋东坡．栎属植物叶形标准化参数研究及标准叶形自动拟合软件系统开发［D］．济南：山东大学，2011.

［72］王井龙．基于内容的图像检索研究［D］．南京：南京理工大学，2003.

［73］李杰．基于数字图像处理的森林火灾识别方法研究［D］．北京：北京林业大学，2009.

［74］佚名．基于纹理特征的图像检索技术研究［EB/OL］．［2018-07-03］．http：//www. docin. com，2017.

［75］单颖，张菁，郭茂祖．基于视频序列的运动目标跟踪方法［C］//中国仪器仪表学会微型计算机应用学会．计算机技术与应用进展·2007——全国第18届计算机技术与应用（CACIS）学术会议论文

集．安徽：［出版者不详］，2007：1047-1050.

［76］佚名．实验六彩色图像的处理与分析［EB/OL］．［2018-07-03］.http：//wenku. baidu.com，2017.

［77］郑晓霞．基于纹理特征的图像检索技术研究［D］.哈尔滨：哈尔滨工程大学，2008.

［78］佚名．基于纹理特征的图像检索技术研究［EB/OL］.［2018-07-03］.http：//www.docin.com，2013.

［79］胡惠灵．基于视觉检测的引水压力钢管缺陷检测技术研究及应用［D］.合肥：合肥工业大学，2011.

［80］刘威鑫．基于内容的图像信息查询研究［D］.成都：成都理工大学，2002.

［81］康怀祺，史彩成，赵保军，等．一种基于扩展数学形态学的边缘检测方法［J］.光学技术，2006，32（04）：155-156，159.

［82］侯铜．基于计算机视觉的植物自动识别方法研究［D］.北京：北京林业大学，2009.

［83］覃文军，杨金柱，赵大哲．基于形状特征检测的手势感兴趣区提取方法［J］.机器人技术与应用，2012，6：39-41.

［84］赵景秀，林毓材，杨秀国，等．基于 LIP 的彩色图像边缘检测研究［J］.计算机科学，2002，29（9）：71-72.

［85］廖春红．论数字图像处理技术在中频熔炼炉控制中的应用［J］.中国铸造装备与技术，2006（4）：48-50.

［86］金克盛．昆明红土的固化特性及微观结构图像特征参数研究［D］.昆明：昆明理工大学，2005.

［87］佚名．红外探测成像在追踪小目标中的应用［EB/OL］.［2018-07-03］.http：//www.docin.com，2017.

［88］赵作林．基于图像分析的北京地区杨树种类识别研究［D］.北京：北京林业大学，2015.

［89］王忠义，李瑞昌．医学 CT 图像中特征提取方法的应用［J］.电

脑知识与技术，2012，8（25）：6112-6114.

　　［90］张一凡．Data Matrix 二维条码预处理方法研究［D］．哈尔滨：哈尔滨工业大学，2010.

　　［91］耿英．基于图像识别的植物病害诊断研究［D］．合肥：中国科学技术大学，2009.

　　［92］赵云，宋寅卯，刁智华．基于图像技术的农作物病害识别［J］．河南农业，2013，16：62-64.

　　［93］魏蕾．基于图像处理和 SVM 的植物叶片分类研究［D］．咸阳：西北农林科技大学，2012.

　　［94］付丽．基于纹理特征的图像检索技术研究［D］．长春：长春理工大学，2009.

　　［95］王怡萱，阚江明，张俊梅，等．基于 VC++的植物种类模式识别系统研究［J］．湖南农业科学，2011，23：131-135.

　　［96］佚名．基于纹理特征的图像检索技术研究［EB/OL］．［2018-07-03］．http：//www.docin.com，2012.

　　［97］郝丽．基于图像处理的大豆病害识别方法研究［D］．杭州：浙江理工大学，2015.

　　［98］董红霞．基于图像的植物叶片分类方法研究［D］．长沙：湖南大学，2013.

　　［99］陈兴峰．基于内容的遥感图像数据库检索研究及实现［D］．成都：电子科技大学，2008.

　　［100］蒋仁波．基于内容的图像检索技术研究与系统实现［D］．武汉：武汉大学，2004.

　　［101］冒捷．多媒体内容检索在节目制作系统中的研究与实现［D］．郑州：郑州大学，2007.

　　［102］郝秀清．基于内容的图像检索技术的研究与实现［D］．长春：长春理工大学，2006.

　　［103］江华俊．视频图像运动特征的分析与提取［D］．吉林：吉林大

学，2004.

[104] 吴聪苗. 多媒体交叉参照检索和语义自动标注 [D]. 杭州：浙江大学，2005.

[105] 刘翔. 多媒体信息综合检索的关键技术研究 [D]. 杭州：浙江大学，2004.

[106] 袁媛. 黄瓜叶部病害图像智能识别关键技术研究与应用 [D]. 合肥：安徽农业大学，2013.

[107] 张湄. 渠县农村土地流转情况调查报告 [J]. 四川农业与农机，2016，1：40-41.

[108] 胡振宁. 基于 MPEG-7 的数字内容检索技术研究与实现 [D]. 北京：北京邮电大学，2008.

[109] 曾智勇. 基于内容图像数据库检索中的关键技术研究 [D]. 西安：西安电子科技大学，2006.

[110] 佚名. 基于图像的位置感知系统设计与研究 [EB/OL]. [2018-07-03]. http://www.docin.com，2016.

[111] 钱纪初. 基于内容的图片检索研究 [D]. 杭州：浙江工业大学，2007.

[112] 孙丹. 农业昆虫与害虫防治 [J]. 河南科技学院学报（自然科学版），2002.

[113] 王丽君，淮永建，彭月橙. 基于叶片图像多特征融合的观叶植物种类识别 [J]. 北京林业大学学报，2015，37（1）：55-61.

[114] 张宁，刘文萍. 基于克隆选择算法和 K 近邻的植物叶片识别方法 [J]. 计算机应用，2013，33（7）：2009—2013.

[115] 付波，杨章，赵熙临，等. 基于降维 LBP 与叶片形状特征的植物叶片识别方法 [J]. 计算机工程与应用，2018（2）：173-176.

[116] 原玥，王宏，原培新，等. 一种改进的 Hu 不变矩算法在存储介质图像识别中的应用 [J]. 仪器仪表学报，2016，17（5）：1042-1048.

[117] 裴勇. 基于数字图像的花卉种类识别技术研究 [D]. 北京：北

京林业大学, 2011.

[118] 王敬轩. 基于图像识别技术的豆科牧草分类研究 [D]. 兰州：甘肃农业大学, 2010.

[119] 丁伟杰, 金弟, 孔霆. 融合小波变换和颜色熵的分块浮游生物识别 [J]. 计算机仿真, 2011, 28 (10)：244-248.

[120] 王媛彬, 马宪民. 基于图像特征的火灾火焰识别方法 [J]. 消防科学与技术, 2012 (2)：126-128.

[121] 张宁. 基于图像分析的植物叶片识别算法研究 [D]. 北京：北京林业大学, 2013.

[122] 张维理, 田哲旭, 张宁, 等. 我国北方农用氮肥造成地下水硝酸盐污染的调查 [J]. 植物营养与肥料学报, 1995, 2：80-87.

[123] 佚名. 课程设计_ 图文 [EB/OL]. [2018-07-03]. http：//wenku. baidu. com, 2017.

[124] 佚名. 基于 MATLAB GUI 空域滤波增强的设计 [EB/OL]. [2018-07-03]. http：//www. docin. com, 2018.

[125] 刘邵鹏. 基于 Hadoop 的煤岩体 CT 图像处理及并行空间统计 [D]. 北京：中国矿业大学, 2017.

[126] 糊涂汤. 论文+王 [EB/OL]. [2018-07-03]. http：//www. blog. sina. com. cn/s/blog_ 6a2236590100teaq. html, 2013.

[127] 肖晓伟, 肖迪, 林锦国, 等. 多目标优化问题的研究概述 [J]. 计算机应用研究, 2011, 28 (3)：805-808.

[128] 陈坤. 人脸自动检测与识别技术研究 [J]. 科技展望, 2016, 26 (11).

[129] 丁娇. 基于流形学习算法的植物叶片图像识别方法研究 [D]. 合肥：安徽大学, 2014.

[130] 唐钦. 基于纹理和颜色特征的植物叶片识别方法研究 [D]. 杭州：浙江大学, 2015.

[131] 彭炜. 基于遗传算法的图像分类 [J]. 山西师范大学学报（自

然科学版)，2011（2）：41-44.

　　[132] 熊世明，袁晓洲，樊光瑞．基于数字形态学特征的植物叶片识别技术综述 [J]．软件导刊，2016，15（12）：168-169.

　　[133] 陈沐．供水管网优化研究概述 [J]．山西建筑，2009，35（23）：200-201.

　　[134] 储育青，齐义飞，肖立顺，等．遗传算法研究概述 [J]．科技风，2010（9）：165.

　　[135] 张涛，齐春三，张永平，等．基于遗传算法的分级预泄调度方案优化研究 [J]．水文，2012，32（4）：54-57.

　　[136] 吴强，崔跃利，张耀．基于机器视觉的零件缺陷检测算法 [J]．科学技术创新，2018.

　　[137] 何鑫，刘立柱．机器人足球视觉系统中的实时图像处理 [J]．微计算机信息，2005，21（8）：49-50.

　　[138] 柏春岚．基于空域图像增强的研究与分析 [J]．河南城建学院学报，2011，20（1）：57-60.

　　[139] 刘建利，李东．基于 TMS320F2812 泄漏电流测试系统的设计 [J]．现代电子技术，2012，35（1）：160-164.

　　[140] 樊浩，黄树彩，韦道知，等．多传感器交叉提示技术若干问题 [J]．电光与控制，2012，19（11）：47-53.

第3章 植物叶片图像常用的分割方法

图像分割、特征提取与目标识别是计算机视觉理论中由低级到高级的3个基本任务，而图像分割则是特征提取与目标识别的基础，它对特征提取与目标识别的结果具有非常直接的影响。

把图像分成具有独特性质的若干个特定的区域，然后再提取出感兴趣目标的技术和过程，即为图像分割。由图像处理到图像分析的关键步骤是图像分割，图像分割是一个具有悠久历史且经典的基本图像处理措施，并始终是计算机视觉领域中的一个热点问题。图像分割可以提取的特征有两种：一种是图像的原始特征，包括像素的颜色、灰度值、物体轮廓、纹理和反射特征等；另一种是空间频谱，如直方图特征等。

现有的图像分割方法主要有以下几种：基于边缘的、基于区域的、基于阈值的和基于某种特定理论的分割方法。由于以往的图像分割方法存在许多不足，导致其无法满足人们的需要，故研究人员在原有方法的基础上，提出了新的分割方法。

近年来，随着新理论的诞生，人们也提出了许多结合特定理论的分割方法，例如基于数学形态学的分割方法、基于神经网络的分割方法、基于信息论的分割方法、基于模糊集合和逻辑的分割方法、基于小波分析和变换的分割方法和基于遗传算法的分割方法等。

3.1 图像分割定义

在图像的预处理过程中，图像分割对图像识别至关重要——正确的分割才可能有正确的识别，如果分割出现错误，后续的识别任务就无从谈起。但是，在开展图像分割时如果仅根据图像的亮度和颜色，就会出现光照不均匀、噪声干扰、图像模糊等问题。

图像分割的定义就是按一定的规则将图像分成若干有意义的区域，即分割后各区域的并集是整幅图像，各区域的交集为零。

用目标和背景的先验知识来对目标和背景开展定位，从而将背景或其他错误目标区别出来。

图像分割的定义有很多，借助于集合的概念，对其表述如下：R 表示整幅图像的区域，分割后区域 R_1，R_2，$\cdots$，R_n 可以看作是满足以下 5 个条件的非空子集（子区域），假设 $P(R_i)$ 是对集合中所有元素的逻辑谓词，Φ 表示空集，则有：

条件一：$\bigcup\limits_{i=1}^{N} R_i = R$，即区域综合图像中的所有子图像应该包括图像中的所有像素（即原始图像），也就是说，图像分割是将图像中的每个像素分割为一个区域。

条件二：对任意的 i 和 j，$i \neq j$，$R_i \cap R_j = \Phi$，即在每个子集或子区域内的图像分割，其分割结果是没有图像的交叉和重叠现象，也即图像分割结果中的一个像素不能同时属于两个区域。

条件三：对 $i = 1$，2，$\cdots$，N，有 $P(R_i) = \text{True}$；此条件表明，每个子区域在图像分割结果中都有其独有的特征，或者同一区域内的像素具有相同的特征。

条件四：对 $i \neq j$，$P(R_i \cup R_j) = \text{False}$；表明在图像分割结果中，不同区域具有不同的特征，没有共同的元素，不同部分的像素具有不同的特征。

条件五：$i = 1$，2，$\cdots$，N；R_i 是连接区域。

3.2　基于边缘检测的图像分割方法

一幅图像中存在的不连续性称之为边缘。边缘检测是图像分割中的一项重要举措。不同图像的灰度是不同的，它们的边界处一般都有明显的边缘，据此特征可以对图像进行分割。图像分割技术以边缘检测为手段来尝试检测不同区域的边缘并由此开展图像分割，边缘检测方法得以实现的主要假设条件之一是在不同区域之间的边缘上灰度值的变化往往比较大。边缘检测方法的基本思路是按照一定的规则来检测图像的边缘点，并将边缘点连接成轮廓以构成分割区域。该方法的难点在于，如果提高检测精度，则噪声产生的伪边缘就会导致非常多不合常理的轮廓出现；而如果提高抗噪强度，就会带来轮廓漏检和位置偏差等问题。所以，如何保持检测精度与抗噪性之间的平衡是基于边缘检测的图像分割方法的难点。

3.2.1 边缘检测概述

边缘是图像中最基本的特征之一，是区域属性突变的地方，包括大量的信息，是图像信息的最大集中地。边缘主要存在于目标、背景、不同的颜色和区域中。边缘检测是图像分析的第一步，在计算机视觉系统的运用过程中起着关键作用，是计算机视觉研究中最为活跃的领域之一。本节主要阐述边缘检测的基本概念，并对一些常用的边缘检测算子加以介绍。

一定数量点亮度变化的地方称之为边缘，因此，边缘检测就是亮度变化的导数。如有一维数组（4，5，4，1133，112，114，123，25，26，24），我们可以观察到在第 3 与第 4 个点之间、第 7 与第 8 个点之间有边界，但我们很难确定存在于两个相邻点之间的亮度变化达到多大才算边界的阈值，除非场景中的物体非常简单并且照明条件能够得到很好的控制。

图像边缘与图像亮度或者其导数的不连续性有关。图像亮度不连续可分为线条不连续和步骤不连续。线条不连续是指图像亮度从一个值变化到另一个，保持较小的行程并返回原始值。步骤不连续是图像亮度像素的灰度值与不连续部分的像素灰度值之间的差异。在实际操作中，大多数传感元件都具有低频的特性，故图像的亮度一般不会瞬间发生变化，因此，线条和步骤图像是非常罕见的。

图像局部亮度变化最明显的部分是图像的边缘区域，即在一个非常小的缓冲区中的灰度值会戏剧性地变为另一个灰度值，边缘可以有两个特征。接下来，我们给出一些常用的与边缘相关的术语的定义：

（1）边缘：两个具有不同灰度的均匀图像区域之间的边界，即边界反映局部的灰度变化。局部边缘是图像中局部灰度级以单调的方式做很快变化的小区域。

（2）边缘点：图像中亮度变化尤其显著的点。

（3）边缘段：边缘点坐标（i，j）及其方向 θ 的总和，边缘方向可以是梯度角。

（4）边缘方向：与边缘法线方向垂直，与目标边界的切线方向一致。

（5）边缘法线方向：在某点灰度变化最显著的方向，与边缘方向垂直。

（6）边缘位置：边缘所在的坐标位置。

（7）边缘强度：沿边缘法线方向对图像局部变化强度的量度。

（8）边缘检测器：从图像中抽取边缘点或边缘段集合的算法。

（9）轮廓：一条边缘列表的曲线模型。

（10）边缘连接：采用顺时针方向从无序边缘表形成有序边缘表的过程。

（11）边缘跟踪：搜索轮廓图像的过程。

边缘点坐标可以是边缘位置像素的行、列整数标签。边缘坐标虽然可以在原始图像的坐标系中表示，但在图像坐标系输出的边缘检测滤波器中也有更多的表示方法，因为滤波过程很有可能会导致平移或变焦图像的坐标。边缘部分可以由像素的一小段或带有方向属性的点集来定义。在实践中，边缘和边缘段被统称为边缘。边缘检测器生成的边缘集通常有真边缘集和假边缘集之分，真边缘集对应的是场景的边缘，而假边缘集对应的却不是场景的边缘。假边缘集被称为假阳性，而缺失的边缘集则被称为假阴性。

有序边缘集的输入称为边缘连接，边缘检测器产生的是一些无序边缘集。边缘跟踪输入的是图像，输出的是一个有序的边缘集。另外，可以利用局部的信息来确定边缘，边缘跟踪则是使用整幅图像来确定像素是否为边缘。

常用的边缘检测方法有两类：搜索和零交叉。在搜索边缘检测方法的基础上，利用梯度模型计算边缘强度，然后利用梯度法计算边界的局部方向，并在此方向上找到局部梯度模型的最大值。在零交叉法的基础上，通常使用拉普拉斯算子或非线性微分方程的零交点来求由图像获得的二阶导数的零交点。边缘检测的预处理操作通常采用高斯滤波方法。

3.2.2　梯度边缘检测算法

叶片边缘含有丰富的形态信息，在计算整体的形状特征时，利用叶片边缘比利用叶片本身的计算量要小一些，尤其在大批量叶片样本待处理的情况下，更能明显节约时间，因此需要进一步提取叶片的边缘形态信息。

一般来说，对检测出的边缘有以下 4 项要求：（1）边缘的定位精度要高，不发生边缘漂移现象；（2）不同尺度的边缘应有良好的响应，并尽量减少漏检；（3）应对噪声不敏感，不致因噪声造成虚假检测；（4）检测灵敏度受边缘方向的影响小。为了精确检测叶片的边缘，本书选用边缘跟踪法，算法思路是跟踪二值化后的图像中目标叶片每个像素点的 8 个方向的邻域。假设构成叶片像素的灰度值为 1，背景灰度值为 0，则对某灰度值为 1 的像素点做如下判决：如果当前像素点在 8 个方向上的邻域点有 0 像素点，则该像素点为边缘点；否则，该像素点不是边缘点。当图像中的像素点全部搜索完毕后，即可提取出完整的叶片边缘。

目标、背景和区域之间存在边缘，这是图像分割的最重要依据。由于边缘是位置的标志，对灰度变化不敏感，因此边缘也是图像匹配的一个重要特征。边缘算子大致可以分为三大类，即梯度算子、方向模板算子和拟合算子。梯度算子是数学上梯度算子的近似形式，而方向模板算子是对不同方向使用不同的模板来检测，至于拟合算子则是对图像的局部灰度值和边缘的参数模型进行拟合。常用的边缘检测算子有 Roberts 算子、Sobel 算子、Prewitt 算子、Laplacian 算子、Canny 算子和 LoG 算子（邓继忠，2005）。

3.2.2.1　梯度边缘检测算法基础

目前，已经发表的边缘检测方法通常用边界强度来度量，并且一些检测方法依赖于图像梯度的计算，采用不同种类的滤波器来估算 x-方向和 y-方向的梯度。

许多边缘检测操作基于数字点亮度的一阶导数，可得到原始亮度数据的梯度。利用这些信息，我们可以搜索图像亮度梯度的峰值。

也有一些边缘检测操作可以通过亮度的二阶导数来得到，即亮度梯度的变化率。在连续变化的情况下，梯度的局部最大值是通过二阶导数的零点检测得到的。二阶导数的峰值检测是用合适的尺度来表示边界线的检测。如上所述，边缘将是双重边缘，可以看到边界两边的亮度梯度。如果图像中有边缘，则在亮度梯度中可以看到剧烈的变化。为了做到这一点，可以通过在图像亮度的二阶导数中发现零值的方式来找到这些边缘。通常，梯度边缘检测算法共包含 4 个基本步骤：

（1）滤波。边缘检测算法可以根据一阶导数和图像强度的二阶导数进行计算，但是由于导数对噪声非常敏感，因此需要使用滤波器来提高边缘的探测功能。在很多情况下，过滤器虽然降低了噪声，但同时也失去了边缘强度，因此很有必要平衡消除噪声和提高边缘强度之间的关系。

（2）增强。边缘增强通常是通过计算渐变值来完成的。边缘增强的基础是确定每个图像的邻域强度值。增强算法可以突出显示区域强度值发生显著变化的点。

（3）检测。最简单的边缘检测准则是设置梯度振幅的阈值。虽然图像中梯度幅值有较大的点，但在某些应用领域，这些点不是边，因此我们应该设法来确定边缘区域的点。

（4）定位。边缘的位置可以用亚像素分辨率来估计，边缘的方位可以通过估计来确定。

在边缘检测算法中，滤波、增强和检测这 3 个步骤非常普遍。这是因为在许多情况下，没有必要指出边缘的确切位置或方向，只表示边缘出现在图像中的像素附近即可。

3.2.2.2　Robert 算子

Robert 算子是最简单的算子之一，它是利用局部差分方法来计算的边缘算子。检测边缘通过对角线方向相邻的两个像素之间差值的梯度来进行。Roberts Edge 运算符是一个 2×2 模板，是与对角线相邻的两个像素之差。从图像处理的实际效果来看，该算法对边缘的定位较准，对噪声敏感。

3.2.2.3　Sobel 算子

Sobel 算子的计算思路是先平均后求差分，因此它有抑制噪声的能力，但因为该算子涉及 3×3 的邻域，故在检测阶跃边缘时得到的边缘宽度至少为两个像素。采用 3×3 邻域可以避免在像素之间的内插点上计算其梯度。Sobel 算子是边缘检测中最常用的算子之一。

3.2.2.4　Prewitt 算子

该算子包含横向及纵向两组 3×3 的矩阵，通过与图像作平面卷积，可得出横向和纵向的亮度差分近似值。Prewitt 算子同样可以抑制噪声，若窗口放大些，则抑制噪声的效果会更明显。Prewitt 与 Sobel 算子的方程完全一样，只是常系数 $c=1$。

3.2.2.5　Laplacian 算子

Laplacian 算子是目前常用的二阶导数算子。在一阶导数的边缘检测器中设置阈值，如果一阶导数高于阈值，则此点被确定为边缘点。上述方法的缺点是产生的边缘点太多。现在我们可以通过去除一阶导数的非局部最大值来更精确地检测边缘点。因为二阶导数的零交叉与一阶导数的局部最大值对应。这样一来，要想找到精确的边缘点，只要找图像强度的二阶导数的零交叉点即可，这样就更容易找到精确的边缘点。因此，求梯度局部最大值对应点的 Laplacian 算子比求一阶导数的效果更优。

3.2.2.6　Canny 算子

Canny 算子是判断边缘提取方法性能指标的一项图像边缘检测的方法，也是目前图像处理领域的标准方法之一。Canny 图像边缘检测法必须满足有效抑制噪声和精确确定边缘的位置两个条件，去除噪声可以通过图像平滑算子来达到目的，但该方法增加了边缘定位的不确定性。也可以采用双阈值法从候选边缘点中检测最终的边缘，先选取高阈值和低阈值，然后扫描图像，再检测候选边缘图像中标记为候选边缘点的任一像素点。若像素点的梯度幅值大于高阈值，则该点一定是边缘点；若该点梯度幅值小于低阈值，则该点一定不是边缘点。对于梯度幅值处于 2 个阈值之间的像素点，则将其看作疑似边缘点，需进一步依据边缘的连通性对其进行判断：若该像素点的邻接像素中有边缘点，则认为该点也为边缘点；否则，该点为非边缘点。

3. 2. 2. 7　LoG 算子

Laplacian 算子和梯度算子对图像中的噪声非常敏感，因此在边缘检测之前往往对噪声开展滤波操作。Mar 和 Hildreth 结合上述两种检测方法，提出了一项新的对数算法，即 LoG 算子。LoG 算子的基本特征有 3 个：（1）平滑滤波器采用高斯滤波器；（2）采用二维拉普拉斯函数的二阶导数；（3）用线性插值法估计子像素分辨率水平上的边缘位置。高斯滤波器不仅能平滑图像，还能消除噪声、滤除较小的结构和单点噪声，再利用拉普拉斯函数求二阶逼近，然后选取一阶导数大于某一阈值的零交点作为边缘点。

LoG 算子对图像 $f(x, y)$ 通过卷积运算开展边缘检测，可以得到 $h(x, y)$，即有

$$h(x, y) = \left[\left(\frac{x^2 + y^2 - 2\sigma^2}{\sigma^4} \right) e^{\frac{x^2+y^2}{2\sigma^2}} \right] f(x, y) \qquad (3-1)$$

LoG 算子边缘检测也通过高斯滤波器对图像进行平滑，以便去除噪声。在上一节中，图像的平滑举措导致其边缘模糊。高斯平滑元素使图像的边缘和其他尖锐的不连续部分模糊，模糊度取决于 σ 的值。σ 值越大，噪声的滤波效果越好，但重要边缘信息的丢失会影响边缘检测器的性能。如果我们采取一个小的 σ 值，则它可能是平滑和不完整的，将留下太多的噪声。大的 σ 值滤波器可以平滑相邻的两个边，它们可以被连接在一起，从而可以检测到边缘。因此，在不知道对象的大小和位置的情况下，非常难准确地确定滤波器的值。大的 σ 值过滤器会产生较粗的边缘，而小 σ 值的过滤器则能精确定位。

3.3 基于灰度阈值的图像分割方法

灰度阈值分割法是图像分割领域中最常用的图像分割方法之一，其思路是对图像中每个像素的灰度开展分类，并设置灰度阈值来确定目标区域的边界，从而达到分割图像的目的。该方法主要通过提取对象的灰度特征，结合图像的不同灰度区域，选择合适的阈值来确定图像中每个像素所属的目标或背景区域，以及所对应的二值图像。它可以大大简化后续的分析和处理步骤，可以压缩数据，减少存储量。

3.3.1 阈值分割原则

阈值分割是一种应用广泛的图像分割方法，主要有两个步骤：（1）确定需要分割的阈值；（2）将分割阈值与像素灰度值进行比较，以分割图像的像素。其中，确定阈值是图像分割的关键，一个合适的阈值可以完全分割图像。在确定阈值后，将阈值与像素灰度值加以比较，可以并行开展像素分割并将分割结果直接用于图像区域。

利用阈值法对灰度图像进行分割时，需要先确定阈值，再将所有灰度像素划分为两个不同的类。如果只有一个阈值分割，则被称为单阈值分割方法；有多个阈值的分割被称为多阈值分割法。单阈值分割可以看作是多阈值分割的特例，许多单阈值分割算法都可以扩展到多阈值分割领域。当然，多阈值分割有时也可以转化为一系列的单阈值分割问题。无论采用哪种方法，原始图像 $f(x、y)$ 都采用单个阈值 t，分割后的图像可以定义为

$$g(x, y) = \begin{cases} 1, & f(x, y) > T \\ 0, & f(x, y) \leqslant T \end{cases} \tag{3-2}$$

这样得到的 $g(x, y)$ 是一幅二值图像。

在多阈值情况下，分割后的图像可以表示为

$$g(x, y) = k, \quad T_{k-1} \leqslant f(x, y) \leqslant T_k, \quad k = 1, 2, \cdots, K \tag{3-3}$$

其中，T_0，T_1，$\cdots$，T_k 是一系列的分割阈值，k 表示图像分割后不同区域的标号。

应注意的是，单阈值分割和多阈值分割可能导致不同区域具有相同的标签或区域值。这是因为阈值只考虑像素本身的值，而与像素的空间位置无关。因此，按像素值划分为同一类别的像素，可能属于未在图像中连接的区域。此时，需要使用场景的先验知识来进一步确定目标区域。

3.3.2　阈值分割算法分类

目前，阈值分割算法有很多，对应的分类方法也有很多，如文档图像的阈值技术有 5 类：

（1）从分割过程是否需要人工干预的角度考虑，可分为交互式和自动式；

（2）从阈值不同范围的角度考虑，可分为全局阈值和局部阈值；

（3）从阈值选择灰度分布的统计特征的角度考虑，可以划分为基于灰度分布的一阶统计和基于灰度分布的二阶统计；

（4）从处理策略的角度考虑，可分为迭代式和非迭代式；

（5）从训练像素是否用于估计目标的角度考虑，可分为有监督的和无监督的。

在上述阈值原则的讨论中，阐明了阈值分割算法的关键问题，并根据阈值选择的特点对算法进行了分类。阈值一般可写为

$$T = T[x,\ y,\ f(x,\ y),\ p(x,\ y)] \tag{3-4}$$

$f(x,\ y)$ 表示像素点 $(x,\ y)$ 的灰度值，$p(x,\ y)$ 值表示邻域的局部属性。阈值 T 则是 x、y、$f(x,\ y)$ 和 $p(x,\ y)$ 的函数。阈值分割法相应的阈值分别为：（1）基于像素值的阈值，只根据 $f(x,\ y)$ 阈值来选择，阈值仅与整个映射像素的属性相关；（2）基于区域属性的阈值，根据 $f(x,\ y)$ 和 $p(x,\ y)$ 来选择，所得的阈值与区域性质有关；（3）基于坐标位置的阈值，阈值的选择与 x 和 y 的位置有关，与像素的空间坐标有关。

前两个阈值也被称为全局阈值，在某种意义上，局部阈值是全局阈值的一个特例。一般来讲，确定第一个阈值的技术称为点相关技术，确定第二个阈值的技术称为区域相关技术，确定第三个阈值的技术称为动态阈值技术。

3.3.2.1 全局阈值

对于灰度图像，每个像素的阈值是由每个像素本身的灰度值决定的，阈值在整幅图像的每一个像素中起作用，故对背景的梯度影响是无效的。

图像灰度直方图是对图像中每个像素灰度值的统计度量。许多常用的阈值选取方法都是基于直方图的。如果双峰作为直方图阈值，则对应于目标和背景的两个峰值之间的灰度级可以被分离（类似于多模态直方图）。下面介绍 3 种典型的全局阈值。

（1）最小值点阈值。图像的直方图包络为曲线，直方图的低点可由最小曲线选取。如果使用 $h(z)$ 代表直方图，则应同时满足最小值点：

$$\frac{\partial h(z)}{\partial z} = 0 \ , \ \frac{\partial h^2(z)}{\partial z^2} > 0 \tag{3-5}$$

可以把与这些最小值对应的灰度值作为分割阈值。

由于存在图像噪声等问题，导致实际图像的直方图往往起伏幅度较大，解决这个问题的一个方法是平滑直方图。

（2）最佳阈值。有时，目标的灰度值与图像中的背景部分交叉，如果用总阈值分割图像，将会带来一定的误差。在实践中，常常希望减少错误分割的概率，选择最佳阈值就是一项常用的方法。最佳阈值是分割阈值，它最大限度地降低了错误分割率。直方图的图像可以看成是对像素灰度值的概率密度函数的近似。如果我们知道密度函数的形式，就可以计算出一个最优阈值，该阈值可以用来将图像分割成两个区域，从而最小化分割误差。

设有一幅混合高斯噪声的图像，背景概率密度和目标概率密度分别是 $P_1(z)$ 和 $P_2(z)$ ，这样整幅图像的概率密度之和为

$$p(z) = p_1 p_1(z) + p_2 p_2(z)$$

$$= \frac{p_1}{\sqrt{2\pi}\sigma_1} \exp\left[-\frac{(z-u_1)^2}{2\sigma_1^2}\right] + \frac{p_2}{\sqrt{2\pi}\sigma_2} \exp\left[-\frac{(z-u_2)^2}{2\sigma_2^2}\right] \qquad (3-6)$$

其中，u_1 和 u_2 为背景和目标区域的平均灰度值，σ_1 和 σ_2 分别是背景和目标区域的均值，p_1 和 p_2 为背景灰度值和目标区域灰度值的先验概率。根据概率的定义，有 $p_1 + p_2 = 1$，在混合概率密度公式（3-6）中有 5 个未知参数。如果能找到这些参数，就可以确定混合概率密度，见图 3-1。假设 $u_1 < u_2$，则需确定一个阈值 T，使得灰度值小于 T 的像素被划分为背景，灰度值大于 T 的像素被划分为目标。

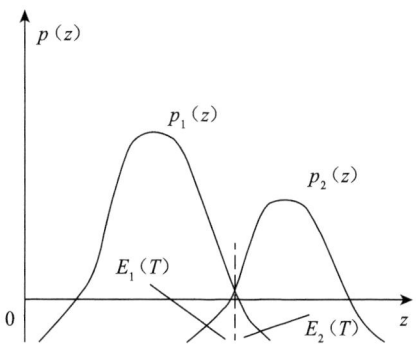

图 3-1　最佳阈值选取示意图

此时，将目标像素划分为背景的概率和将背景像素划分为目标的概率，则有

$$E_1(T) = \int_{-\infty}^{T} P_2(z)\, dz \qquad (3-7)$$

$$E_2(T) = \int_{-\infty}^{T} P_1(z)\, dz \qquad (3-8)$$

总误差概率为

$$E(T) = P_2 E_1(T) + P_1 E_2(T) \qquad (3-9)$$

为求得使该误差最小的阈值，可将 $E(T)$ 对 T 求导并令导数为零，即可得到

$$P_1 P_1(T) = P_2 P_1(T) \qquad (3-10)$$

结果可用于求解高斯密度（即将式（3-6）代入），即有

$$\ln \frac{P_1 \sigma_2}{P_2 \sigma_1} - \frac{(T - u_1)^2}{2\sigma_1^2} = -\frac{(T - u_2)^2}{2\sigma_1^2} \qquad (3\text{-}11)$$

当 $\sigma_1 = \sigma_2 = \sigma$ 时：

$$T = \frac{u_1 + u_2}{2} + \frac{\sigma^2}{u_1 - u_2} \ln \frac{P_1}{P_2} \qquad (3\text{-}12)$$

若先验概率相等，即 $P_1 = P_2$，则有

$$T = \frac{u_1 + u_2}{2} \qquad (3\text{-}13)$$

这意味着如果图像灰度值服从正态分布，根据上述公式可以计算出最优阈值。

（3）迭代阈值分割。可以通过迭代方式来计算阈值。首先，选择图像灰度值的中间值作为初始值 T_0，按以下公式进行迭代：

$$T_{i+1} = \frac{1}{2} \left\{ \frac{\displaystyle\sum_{k=0}^{T_i} h_k \cdot k}{\displaystyle\sum_{k=0}^{T_i} h_k} + \frac{\displaystyle\sum_{k=T_i+1}^{L-1} h_k \cdot k}{\displaystyle\sum_{k=T_i+1}^{L-1} h_k} \right\} \qquad (3\text{-}14)$$

式中，h_k 是灰度为 k 值的像素个数，共包含 L 个灰度级。迭代一直持续到 $T_{i+1} = T_i$ 结束，取结束时的 T_i 为阈值。如图 3-2 所示，这是一个灰度阈值分割流程图。

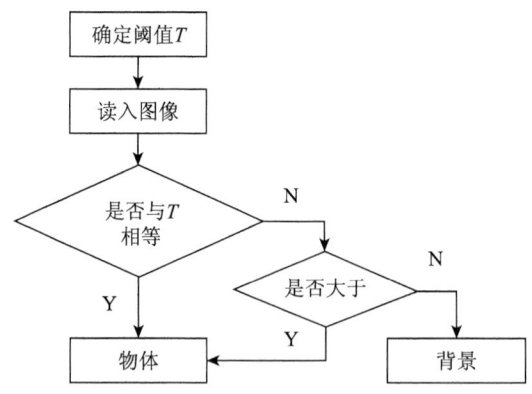

图 3-2　灰度阈值分割流程图

3. 3. 2. 2　动态阈值

在阴影图像对比度不理想、光照不均匀、有突发噪声等情况下，如果仅在全局图像分割中设置一个固定阈值，既无法考虑所有情况，也会影响分割效果。解决方案是通过使用一组与坐标相关的阈值（即阈值是坐标的函数）来分割图像的每个部分。与坐标有关的阈值又称动态阈值，该阈值分割方法又称可变阈值法（或者称为自适应阈值法）。这种动态阈值方法往往在二值文档图像分割中有非常好的效果。

一个简单的动态阈值算法是确定每个像素的中心窗口，并计算其最大值、最小值和平均值来作为阈值。阈值插值和水线阈值是常用的两种方法。

1. 阈值插值

可变阈值技术可以作为全局固定阈值本地技术的特例。首先，将图像划分为一系列的子图，它可以重叠或连接彼此。其次，可以计算每个子图像的阈值，并用固定阈值法选择阈值。通过插值子图的阈值可以得到图像中每个像素的阈值。该方法的具体步骤如下：

（1）将整幅图像分为一系列50%重叠的子图像；

（2）绘制每个子图的直方图；

（3）如果在双峰中检测到每个子图像的直方图，则可以使用上述阈值来确定子图像的阈值，否则将不处理该阈值；

（4）通过插值得到双峰直方图的阈值；

（5）根据每个子图像的阈值，通过插值得到所有像素的阈值，然后对图像进行分割。

2. 水平线阈值算法

水平线阈值算法是一项特殊的自适应迭代阈值分割算法。水平线阈值算法的原理见图3-3。

在图3-3中，有两个高灰度目标，可以从背景 B_1 和 B_2 中分离出来。较大的阈值 T_1 用于从背景中分离两个对象，但两者的差距太大。如果逐渐减小阈值，目标边界将随着相对阈值的扩大而减小，最后两个目标将相遇；但是，不要让两个目标合并，让它们在最后一个像素集合之间保持联系，最后给出两个目标边界。上述过程可以在阈值降低到背景灰度级别之前完成。

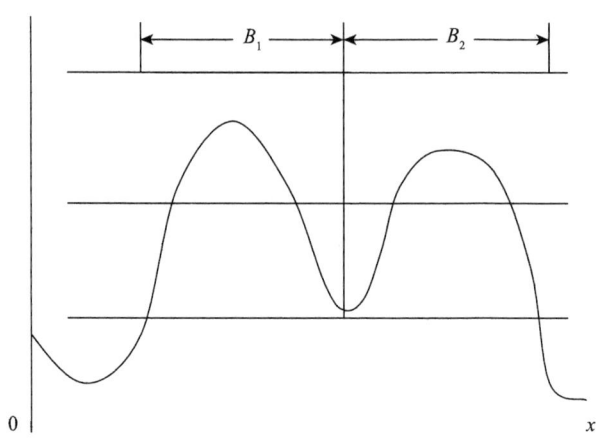

图 3-3　水平线阈值算法的原理

实践中，水平线阈值算法的使用频率相对较高，能够得到每个目标的阈值。当阈值逐渐减小并接近最优阈值时，原始目标不再合并。此时，初始阈值的选择是非常重要的，需要选择合适的初始阈值，以确保最终分割结果的准确性。此外，最终阈值的选择也非常重要，这决定了最终边界与目标之间的一致性。

3.4　基于区域的图像分割方法

图像中的区域是一组具有相似属性的连接在一起的像素集合。在基于区域的图像分割方法中，每个像素都被分配给特定的对象或区域。基于区域的分割是通过在候选像素集合中应用均匀性/相似性准则将图像划分成连接像素的相似/同质区域。区域分割的主要方法是区域生长算法和区域分裂与合并算法。

3.4.1　区域生长算法

区域生长是一种简单的基于区域的图像分割方法。它也被分类为基于像素的图像分割方法，因为它涉及选择初始"种子点"。这种分割方法检查初始种子点的相邻像素，并确定是否应将像素的"邻居"添加到该区域中。该算法以与通用数据聚类算法相同的方式进行迭代。

区域增长方法利用了这样一个重要的事实，即考虑图像中邻近的像素具有相似的灰度值。区域生长的基本思路是将具有相似属性的像素集合起来形成一个区域。首先，每个细分区域都需要寻找种子像素作为生长点的起点；其次，相邻像素和种子像素周围的像素具有相同或相似的属性并被合并到种子像素区域；再次，这些新的像素被用作新的种子像素；最后，继续这一过程，直到不满足条件的像素也被包括在内。

区域生长算法的基本过程包括：（1）根据相似性约束，初始一组小区域被迭代、合并；（2）选择一个任意的种子像素并将其与相邻像素进行比较；（3）通过添加相似的相邻像素，使种子像素数目开始增加，从而增加区域的面积；（4）当一个区域的增长停止时，我们只需选择另一个尚未属于任何区域的种子像素重新开始即可；（5）整个过程一直持续到所有像素都属于某个区域。

区域生长算法的优点包括：（1）可以正确区分具有本书定义的相同属性的区域；（2）可以提供边缘清晰的原始图像及令人满意的分割结果；（3）概念简单，只需要少量的种子点就可以发展该区域。（4）在抗噪方面表现良好。

区域生长算法的缺点包括：（1）从时间方面看，计算成本很高；（2）噪声强度变化可能会导致出现漏洞等问题；（3）可能无法区分真实图像的阴影。

3.4.2　区域分裂与合并算法

区域生长是从某个或者某些像素点出发，最后得到整个区域，进而完成目标提取工作。分裂与合并差不多是区域生长的逆过程，即从整个图像出发，不断分裂得到各个子区域，然后再把前景区域合并，完成目标提取工作。因此，如果把一幅图像分裂到像素级别，那么就可以判定该像素是否为前景像素。当所有像素点或者子区域完成判断以后，把前景区域或者像素加以合并就可得到前景目标。

在这类算法中，最常用的方法是四叉树分解法。设 R 代表整个正方形图像区域，P 代表逻辑谓词。基本的分裂与合并算法的步骤如下：

（1）对任何一个区域，如果 H（Ri）= FALSE 就将其分裂成不重叠的 4 等份。

（2）对相邻的两个区域 Ri 和 Rj，它们可以大小不同（即不在同一层）；如果条件 H（$Ri \cup Rj$）= TRUE 满足，就将它们合并起来。

（3）如果进一步的分裂与合并都不可能，则结束上述步骤。

分裂与合并法的关键是分裂与合并准则的设计。这种方法对复杂图像的分割效果较好；但缺点是算法较复杂，计算量大，甚至可能会破坏区域的边界（指分裂）。

3.5　分水岭算法

3.5.1　算法原理

分水岭算法是近几年发展起来的一种与数学形态学有关的分割算法，是基于区域分割的图像分割算法中的一种特殊分割算法，在工程技术领域得到了广泛的应用。分水岭算法的开放性和自动性可以不需要任何相关参数来满足终止的条件，不仅克服了一些传统图像分割算法的缺点和不足，而且有效地保留了一些传统分割方法的优点。分水岭算法已经越来越得到专家和学者的重视，未来将会得到更广泛的应用。

分水岭算法主要基于两种原理。第一种是模拟沉浸过程。将图像视为起伏的地表，图像中每个像素的灰度值都对应于地形中的高度值，代表地形中点的高度。在这样的地形中，有盆地（图像中的局部极小）、山脊（分水岭）及盆地和山脊之间的斜坡。假设将一个盆地和一个山脊的地形模型垂直插入湖中，然后在每个盆地的最低点开一个洞，使水慢慢均匀浸入。当水逐渐填满盆地时，两个或两个以上盆地之间的边缘形成"水坝"，随着水位的逐渐升高，盆地被完全淹没且完全由大坝包围。由此可以得到所有的大坝，从而达到目标被分割的目的。

第二种是模拟降水过程。该方法是根据地形的特点，制作地貌模型。模拟自然界的降水过程，当"雨"落到山的模型上时，会顺着山坡流入山谷，雨经过的路线类似于一条相连的"树枝"，会汇聚到最陡峭小路的底部，并由同一条相连树枝上的河谷形成一个"水盆"，并由此得到"分水岭"。由此，也可以达到分割目标的目的。

3.5.2　经典分水岭算法

基于浸没模型的分水岭算法 Beucher 与 Lantuejoul 很早就提出了，近年来得到了广泛的应用。该算法的缺点是对于圆形图像将产生错误的分水岭。直到 Soille-Vincent 分水岭算法的出现，才让分水岭算法在实践中发挥出更大的作用，Soille-Vincent 是基于浸没模型的数学形态学分水岭算法，有较高的准确性和效率，可以在非常短的时间里得到准确的分水岭分割结果。

Soille-Vincent 基本算法主要包括如下两个方面：

（1）排序。首先，通过扫描整幅图像来获得各灰度级的概率密度分布数据，根据灰度累积概率分布数据和像素值来确定排名中各像素点的相对位置，排序越靠前则对应的位置灰度值会越低。

（2）淹没。像素应按灰度值顺序进行处理，在相同灰度值的集合中像素会被视为相同的灰度层次。扫描当前灰度级的像素，检查是否有未标记的像素。未标记点表示一个新的最小区域，发现未标记像素应使当前的未标记数字增加 1。

在上述算法中，操作中的每个像素平均将被扫描 5 次，其中排序过程将被扫描 2 次，在扫描过程中将再次被淹没 3 次。在整个执行过程中，时间可以看作是线性的，通过对每个汇水盆地加以标记，可以大大提高算法的精度。只有这样，才能成功地将分数岭算法从理论转化为实践。

3.5.3　改进的分水岭算法

直接使用分水岭算法通常很难得到一个有意义的分割结果，尽管基于数学形态学的分水岭算法已经被广泛应用于图像处理领域；但是，可以通过必要的改善优化过程，得到有意义的分割结果。

在使用分水岭算法时，过度分割往往是最大的问题。目前的解决方法主要有两种：（1）首先标记图像，根据标签提取感兴趣的真实对象，上面的标签被当作梯度图像的最小值；其次将梯度图像的最小值完全屏蔽，利用分水岭算法计算形态学梯度图像，并对一般标记的对应对象进行分段。（2）先将分水岭划分为梯度图像，然后根据某一标准分割图像，并重复合并相邻的图像区域。

我们知道，分水岭算法的对象是梯度图像，噪声会干扰梯度图像的分割结果。图像的噪声、背景和微妙的表面分割灰度变化都会导致过度分割问题，最有效的办法是滤波处理分割前的原始图像，以便有效消噪，该方法被称为图像消噪滤波器处理。

3.6　基于小波的图像分割方法

小波变换是近年来在图像处理中很受重视的新技术，如图像压缩、特征检测和纹理分析等领域出现的许多新方法，如多分辨率分析、时频分析、金字塔算法等，都可以归入小波变换的范畴之中。

小波分析在图像分割中的应用主要是利用小波变换检测出图像的边缘点，再按一定的策略将其连接成轮廓，从而实现分割图像的目标。小波分析的主要步骤就是检测图像的边缘点。一般而言，边缘是图像中灰度级的不连续点，具有奇异性，经过小波变换可以获得基于小波的多尺度特征，再利用小波分析的局部化特征，可以获得不同尺度下的邻域特征；然后根据这些小波特征进行模式分类从而达到分割图像的目的。此外，利用小波分解后的高频信息，还可以获得在不同尺度下的图像边缘特征，给多尺度边缘检测提供了新的思路。

目前，基于小波分析的图像分割方法可以分为两类：第一类，基于滤波器尺度的多尺度图像分割方法；第二类，构造基于像素点的尺度和灰度级差的多尺度函数，并以此函数构造边缘影射。其中，第一类方法又可分成两种：（1）直接构造边缘算子并作用于原图像函数来检测边缘；（2）先通过小波变换获得图像的多尺度特征，然后对像素进行分类，最后根据分类的结果再分割图像。

3.7　基于聚类分析的图像分割方法

利用特征空间聚类法来分割图像，就是将图像空间中的像素用对应的特征空间点表示，利用它们在特征空间的聚集对特征空间进行分割，然后将它们映射回原图像空间，得到分割结果。其中，K 均值算法、模糊 C 均值聚类算法（FCM）是最常用的聚类算法。

对于 K 均值算法而言，要先选 K 个初始类均值，然后将每个像素归入均值离它最近的类并计算新的类均值。迭代执行前面的步骤直到新旧类均值之差小于某一阈值。模糊 C 均值聚类算法是在模糊数学基础上对 K 均值算法的推广，是通过最优化一个模糊目标函数方式来实现聚类，它不像 K 均值聚类那样认为每个点只能属于某一类，而是赋予每个点对各类的隶属度，用隶属度能更好地描述边缘像素亦此亦彼的特点，适合处理事物内在的不确定性。

3.7.1　K 均值聚类分割算法

3.7.1.1　聚类
将物理或抽象对象的集合分成由类似的对象组成的多个类的过程被称

为聚类。由聚类所生成的簇是一组数据对象的集合，这些对象与同一个簇中的对象彼此相似，与其他簇中的对象相异。聚类分析又称群分析，是研究（样品或指标）分类问题的一种统计分析方法。聚类分析计算方法主要有划分方法、层次方法、基于密度的方法、基于网格的方法和基于模型的方法。

K 均值聚类算法是常见的划分聚类分割方法，其基本思想是：给定一个有 N 个元组或者记录的数据集，利用分裂法将其构造成 K 个分组，每一个分组就代表一个聚类，$K<N$。而且这 K 个分组满足下列条件：（1）每一个分组至少包含一个数据记录；（2）每一个数据记录属于且仅属于一个分组。对于给定的 K，算法首先给出一个初始的分组方法，然后通过反复迭代的方式来改变分组，使得每一次改进之后的分组方案都较前一次好。而所谓好的标准就是：同一分组中的记录越近越好，而不同分组中的记录越远越好。

3.7.1.2　K 均值聚类算法的工作原理

K-means 算法的工作原理主要包含以下几个方面：先随机从数据集中选取 K 个点作为初始聚类中心，然后计算各个样本到聚类中心的距离，把样本归到离它最近的那个聚类中心所在的类。计算新形成的每一个聚类的数据对象的平均值来得到新的聚类中心，如果相邻两次的聚类中心没有任何变化，说明样本调整结束，聚类准则函数已经收敛。本算法的一个特点是在每次迭代中都要考察每个样本的分类是否正确。若不正确，就要调整，在全部样本调整完后，再修改聚类中心，进入下一次迭代。这个过程将不断重复直到满足某个终止条件为止，终止条件可以是以下任何一个：（1）没有对象被重新分配给不同的聚类；（2）聚类中心再发生变化；（3）误差平方和局部最小。

3.7.1.3　K-means 聚类算法的一般步骤

该算法主要包括以下几个步骤：

（1）从 n 个数据对象中任意选择 k 个对象作为初始聚类中心；

（2）循环（3）到（4）直到每个聚类不再发生变化为止；

（3）根据每个聚类对象的均值（中心对象），计算每个对象与这些中心对象的距离，并根据最小距离重新对相应的对象进行划分；

（4）重新计算每个（有变化）聚类的均值（中心对象），直到聚类中心不再变化。这种划分使得下式的值最小

$$E = \sum_{j=1}^{k} \sum_{x_i \in \omega_j} \| x_i - m_j \|^2 \qquad (3\text{-}15)$$

3.7.1.4 K 均值聚类法的问题

在应用过程中，K 均值聚类法也存在一些问题，主要包括：

（1）K 是事先给定的，这个 K 值的选定是很难估计的。

（2）需要根据初始聚类中心来确定一个初始划分，然后对初始划分再进行优化。

（3）需要不断对样本进行分类调整，不断计算调整后新的聚类中心，当数据量非常大时，算法耗时非常长。

（4）在样本数据相同的情况下，初始值的距离不同，得到的结果可能不同。

3.7.2 改进的 k 均值聚类图像分割算法

在 K 均值聚类算法中，重要的一步是初始聚类中心的选取，一般是随机选取待聚类样本集的 K 个样本，聚类的性能与初始聚类中心的选取有关，聚类的结果与样本的位置有极大的相关性。一旦这 K 个样本选取不合理，将会增加运算的复杂程度，误导聚类过程，会得到不合理的聚类结果。通过粗糙集理论提供聚类所需要的初始类的个数和均值，可以提高聚类的效率和分类的精度。

粗糙集的研究对象是由一个多值属性集合描述的对象集合，主要思想是在保持分类能力不变的情况下，通过知识约简，导出问题的决策和分类规则。从图像的直方图可以看出，图形一般呈谷峰状分布，同一区域内像素的灰度值比较接近，而不同区域内像素的灰度值大小不等。若灰度值相差不大的像素可归为一类，则可将图像分为几类。

为此，定义像素的灰度值差为条件属性，等价关系 R 可定义为：如果

两个像素灰度值差小于给定间距 D，则两个像素是相关的，它们属于等价类，即有 $R- \{z \| z。-z, I<D\}$（$i, J-0, 1, \cdots, 255$）。在计算过程中，先确定间距 D，通过原图可求出灰度值的分布范围，再根据灰度值范围可求出灰度级数 L。将灰度级范围内对应像素个数最多的灰度值定义为中心点 P。计算 L 个中心点之两两间距，若最小距离小于间距 D，则将相应的中心点合并，并将两点的算术平均值作为该中心点的值。重复进行上述步骤直到所有中心点的两两间距均大于间距 D。中心点的个数和均值就是 K 均值聚类所需要的初始类的个数和均值。

像素的灰度值为 $x_p(p = 0, 1, \cdots, 255)$，其中 $Q_j^{(i)}$ 为第 i 次迭代后赋给类 j 的像素集合，μ_j 为第 j 类的均值。具体步骤如下：

（1）将粗糙集理论提供的 L 个中心点 P 作为初始类均值 $\mu_1^{(1)}$，$\mu_2^{(2)}$，$\cdots$，$\mu_l^{(l)}$。

（2）在第 i 次迭代时，考察每个像素，计算它与每个灰度级的均值之间的间距，即它与聚类中心的距离 D，将每个像素划入均值距其最近的类，即

$$D \,|\, x_p - \mu_l^{(i)} \,| = \min\{D \,|\, x_p - \mu_j^{(i)} \,|, \ (j = 1, 2, \cdots, l)\} \qquad (3\text{--}16)$$

则 $x_p \in Q_j^{(i)}$。

（3）对于 $j = 1, 2, \cdots, l$，计算新的聚类中心，更新类均值：$\mu_j^{(i+1)} = 1/N_j \sum\limits_{x \in Q_j^{(i)}} x_p$，式中，$N_j$ 是 $Q_j^{(i)}$ 中的像素个数。

（4）将所有像素逐个考察，如果 $j = 1, 2, \cdots, K$，有 $\mu_j^{(i+1)} = \mu_j^{(i)}$，则算法收敛，结束；否则返回（2）继续下一次迭代。

（5）以上聚类过程结束后，为了增强显示效果，各像素以聚类中心灰度值作为该类的最终灰度值。

实验表明，基于粗糙集理论和 K 均值聚类算法的图像分割方法，减小了运算量，提高了分类精度和准确性，而且对于低对比度、多层次变化背景的图像的形状特征提取，具有轮廓清晰、算法运行速度快等特点，是一种有效的灰度图像分割算法。

3.8　基于水平集的图像分割方法

水平集方法在 1988 年由 Osher 等人首次提出，有效地解决了闭合曲线随时间发生形变时几个拓扑变化的问题，并且不需要跟踪闭合曲线的演化过程。该方法将曲线演化转换成一个纯粹的偏微分方程求解的问题，可用于任意维数的空间。从本质上讲，用水平集来解决图像分割问题，就是将其与活动轮廓模型相结合，用水平集方法来求解这些模型得到的偏微分方程。水平集方法属于边缘检测的范畴。

水平集方法主要利用曲线演化理论来分割图像，先建立曲线演化应该满足的模型，再利用水平集方法将其转化为相应的偏微分方程。水平集方法有如下优点：（1）演化曲线可以自然地改变拓扑结构，可以分裂、合并、形成尖角等；（2）由于曲线在演化过程中始终保持为一个完整的函数，因此容易实现近似数值计算的目标；（3）水平集方法可以扩展到高维曲面的演化领域，简化了三维分割理论和应用的复杂性。

水平集方法也存在一些问题：（1）计算量太大；（2）较难处理尖角问题；（3）由于引入了梯度因子，因此对噪声比较敏感，不适合检测比较平滑的图像区域。

3.9　基于图论的图像分割方法

基于图论的图像分割法是图像分割领域的一个新热点。下面将对该方法的基本理论作简要介绍。

3.9.1　图的最优划分准则

令图 $G = (V, E)$，图 G 被划分为 A 和 B 两部分，且有 $A \cup B = V$，$A \cap B = \Phi$。节点之间的边的连接权为 $w(u, v)$，则将图 G 划分为 A 和 B 两部分的代价函数（Cut Size），有

$$cut(A, B) = \sum_{u \in A, \, v \in B} w(u, v) \tag{3-17}$$

使得上述剪切值最小的划分（A, B）即为图 G 的最优二元划分，这种划分准则称为最小割集（Minimum Cut）准则。

3.9.2 图像的最佳分割

将一幅图像视为一个带权的无向图 $G = (V, E)$，像素集被看作节点集 V，边缘集被看作边集 E，像素之间的连接权为 $w(i, j)$，则将图像二值划分为两个集合（区域）A 和 B 的代价函数，有

$$cut(A, B) = \sum_{i \in A, \, j \in B} w(i, j) \tag{3-18}$$

对于一幅图像来说，使上述代价函数最小的划分即为图像的最佳分割。

3.9.3 权函数

权函数一般定义为两个节点之间的相似度。在基于图论的图像分割法中，常见的权函数有如下形式：

$$w_{i, j} = \exp(-\|F_i - F_j\|_2^2 / \sigma_I^2) \times \begin{cases} \exp(-\|X_i - X_j\|_2^2 / \sigma_X^2), & \text{若} \|X_i - X_j\|_2^2 < r \\ 0 & \text{其他} \end{cases}$$

$$\tag{3-19}$$

式中，对于灰度图像，F_i 的值为像素的灰度值，X_i 为像素的空间坐标，σ_I^2 为灰度高斯函数的标准方差，σ_X^2 为空间距离高斯函数的标准方差，r 为两像素之间的有效距离，超过这一距离则认为两像素之间的相似度为 0。根据相似度函数，两像素之间的灰度值越接近，则两像素之间的相似度越大；两像素之间的距离越近，则其相似度也越大。

另外，文献定义了如下两个权函数为

$$w_{i, j} = \exp(-\|X_i - X_j\|_2^2 / \sigma_I^2) \tag{3-20}$$

及

$$W_{i, j} = |I_i - I_j| \tag{3-21}$$

上述权函数仅考虑了像素之间的灰度关系，没有考虑其空间关系。

3.9.4　最新研究方向

目前，基于图论的图像分割方法的研究主要集中在以下几个方面：
（1）最优割集准则的设计；（2）谱方法用于分割；（3）快速算法的设计；
（4）其他图论的分割方法。

参考文献

［1］佚名．基于 MATLAB 的图像分割算法研究［EB/OL］．［2018-07-03］.http：//wenku. baidu. c，2016.

［2］佚名．基于 MATLAB 的图像分割算法研究［EB/OL］．［2018-07-03］.http：//wenku. baidu. c，2017.

［3］佚名．基于 MATLAB 的图像分割算法研究［EB/OL］．［2018-07-03］.http：//www. docin. com，2012.

［4］佚名．基于 MATLAB 的图像分割算法研究［EB/OL］．［2018-07-03］.http：//wenku. baidu. c，2014.

［5］赵英红．利用数字图像处理与识别技术对胸水脱落细胞开展分类识别［D］.长春：东北师范大学，2007.

［6］张树忠．基于 Canny 理论的彩色图像边缘检测［D］.成都：成都理工大学，2006.

［7］周猛．图像边缘检测技术在车锁识别打码系统中的应用研究［D］.合肥：合肥工业大学，2006.

［8］陈姗姗．数字图像处理与识别技术的应用研究［D］.北京：北京邮电大学，2006.

［9］王晓勇．基于决策层信息融合的边缘检测算法及其在混合图像滤波中的应用［D］.北京：北京邮电大学，2007.

［10］石振刚．基于模糊逻辑的图像处理算法研究［D］.沈阳：东北大学，2009.

［11］侯仕杰.基于边缘检测的改进型图像混合滤波的研究与实现
［D］.北京：北京邮电大学，2008.

［12］戴燕.图像边缘检测与应用［D］.西安：西安科技大学，2010.

［13］连秀林.自主移动机器人视觉导航研究［D］.北京：北京交通
大学，2007.

［14］佚名.图像分割算法与实现［EB/OL］.［2018-07-03］.http：//
wenku.baidu.c，2012.

［15］佚名.移动机器人控制技术［EB/OL］.［2018-07-03］.http：//
wenku.baidu.c，2017.

［16］佚名.图像边缘检测技术的实现及应用［EB/OL］.http：//
www.360doc.co，2015.

［17］蔡俊伟.车牌识别方法及其在智能车辆安检系统中的应用研究
［D］.长沙：湖南大学，2007.

［18］佚名.matlab 图像分割毕业设计［EB/OL］.［2018-07-03］.
http：//www.docin.com，2012.

［19］佚名.matlab 图像分割毕业设计［EB/OL］.［2018-07-03］.
http：//www.docin.com，2017.

［20］童永全.视频车速检测中图像分析算法的研究［D］.成都：西
华大学，2007.

［21］韩武鹏.模糊小波算法在纺织品瑕点检测中的应用［D］.北京：
北京工业大学，2001.

［22］佚名.基于 Matlab 的有人区域分割方法研究［EB/OL］.［2018-
07-03］.http：//wenku.baidu.c，2017.

［23］崔克彬.基于图像的绝缘子缺陷检测中若干关键技术研究［D］.
北京：华北电力大学，2016.

［24］王旭.GaAs 阴极组件针孔疵病检测技术研究［D］.南京：南京
理工大学，2008.

［25］盛仲飙.人脸检测技术研究［J］.计算机与数字工程，2012，40

（12）：136-138.

［26］李德军，王晓娟，王占龙，等．基于图像特征的 SAR 机场目标边缘提取方法研究［J］．情报杂志，2009，28（b12）：163-165.

［27］胡俊峰，钱建生．基于二维定位图像的实时放射治疗计划系统的设计与实现［J］．计算机应用研究，2006，23（12）：341-343.

［28］方浩铖．基于均值平移算法的图像分割技术［J］．电子技术与软件工程，2017，1：77-78.

［29］张新明，郑延斌．二维直方图准分的 Tsallis 熵阈值分割及其快速实现［J］．仪器仪表学报，2011，32（8）：1796-1802.

［30］吕俊哲．图像二值化算法研究及其实现［J］．科技情报开发与经济，2004，14（12）：266-267.

［31］于江有，王知衍，张艳青．精子多目标检测和跟踪算法的设计与实现［J］．计算机工程与设计，2010，31（9）：2076-2079.

［32］黄艳艳．图像分析技术在粗粒土组构图像测量中的应用［D］．武汉：华中科技大学，2007.

［33］张博．基于边缘检测的细胞图像分割方法研究与实现［D］．武汉：武汉理工大学，2006.

［34］孙小新．基于改进谱系聚类法和免疫遗传算法的自适应图像分割方法［D］．长春：东北师范大学，2005.

［35］佚名．图像分割算法研究［EB/OL］．［2018-07-03］.http：//wenku.baidu.c，2012.

［36］翁秀梅．利用相位信息开展图像分割的研究［D］．天津：天津工业大学，2008.

［37］潘峰．工程机器人立体视觉技术研究［D］．长春：吉林大学，2007.

［38］周磊．基于图像处理的自动报警系统研究［D］．南京：东南大学，2005.

［39］徐雪飞．薄形组合件自适应识别方法研究与应用［D］．北京：

中国农业大学，2004.

　　［40］于俊义．血液细胞的图像阈值分割方法［J］．甘肃科技，2009，25（12）：70-72.

　　［41］路威．全色遥感影像面状地物半自动提取方法的研究［D］．郑州：中国人民解放军信息工程大学，2002.

　　［42］佚名．彩色图像分割介绍［EB/OL］．［2018-07-03］.http：//max.book118.c，2015.

　　［43］张朝阳．遥感影像海岸线提取及其变化检测技术研究［D］．郑州：中国人民解放军信息工程大学，2006.

　　［44］李凡．基于工件表面图像的刀具磨损状态监测［D］．西安：西安理工大学，2007.

　　［45］阮国威．高速电脑绣花机视频运动检测分析系统［D］．北京：北京工商大学，2009.

　　［46］罗智文．基于数字图像处理的火车车轮轮缘几何参数动态检测系统［D］．北京：北京工商大学，2010.

　　［47］赵鹏．汽车铝轮毂X射线检测的图像处理技术研究［D］．太原：中北大学，2007.

　　［48］佚名．基于多波段的夜视图像彩色化［Z］．［出版地不详：出版者不详］，2013.

　　［49］王凤娥．改进后的分水岭算法在图像分割中的应用研究［D］．济南：山东大学，2008.

　　［50］卞志俊．基于数学形态学和分水岭算法的遥感图像目标识别［D］．南京：南京理工大学，2003.

　　［51］王光洁．乳腺X光影像中微钙化点检测技术的研究［D］．哈尔滨：哈尔滨工业大学，2007.

　　［52］种伟亮．基于分水岭算法的医学图像分析［D］．上海：上海交通大学，2007.

　　［53］赵燕燕．MRI脊柱图像椎间盘分割及定位算法研究［D］．北京：

北京交通大学，2008.

　　［54］陈强．基于数学形态学图像分割算法的研究［D］．哈尔滨：哈尔滨理工大学，2011.

　　［55］倪雅樱．基于 Snake 模型的医学图像分割技术［D］．南京：南京航空航天大学，2008.

　　［56］范瑞彬．遥感图像中机场识别与毁伤分析研究［D］．南京：南京理工大学，2004.

　　［57］王健．基于 CT 图像序列的血管结构三维重建方法研究［D］．哈尔滨：哈尔滨工业大学，2009.

　　［58］潘婷婷．数学形态学和分水岭算法在遥感图像目标识别中的应用研究［D］．无锡：江南大学，2008.

　　［59］赵国朋．改进的分水岭分割算法在焊接检测中的应用［D］．大连：大连理工大学，2008.

　　［60］张颖．对粘连细胞图像的计数及分割研究［D］．南京：南京理工大学，2009.

　　［61］刘永浩．图像变化检测方法研究［D］．武汉：华中科技大学，2004.

　　［62］周柏清．基于纹理分析的刀具磨损状态检测技术［D］．杭州：浙江工业大学，2004.

　　［63］曹晓雅．基于分水岭变换和遗传优化的 X 线图像分割［D］．保定：河北大学，2011.

　　［64］佚名．现代数字图像处理的教学研究［EB/OL］．［2018-07-03］．http：//wenku.baidu.c，2017.

　　［65］包晔．遥感影像中水上桥梁目标的识别方法研究［D］．南京：南京理工大学，2004.

　　［66］曹海梅．遥感图像中水上桥梁目标识别与毁伤分析研究［D］．南京：南京理工大学，2005.

　　［67］徐延霞．TPS 系统中图像分割关键技术研究［D］．济南：山东大

学，2008.

[68] 陈丰农．基于显微构造图像木材识别技术研究［D］．杭州：浙江林学院，2008.

[69] 曹爽．高分辨率遥感影像去云方法研究［D］．南京：河海大学，2006.

[70] 张家栋，张强，霍凯．图像处理在轴承荧光磁粉探伤中的应用研究［J］．计算机技术与发展，2009，19（8）：216-219.

[71] 甘玲，李涛，赵辉，等．CP 神经网络在图像边缘检测中的应用［J］．四川大学学报（工程科学版），2003，35（3）：93-96.

[72] 孙益．基于神经网络的目标靶板边缘检测技术研究［D］.成都：电子科技大学，2005.

[73] 陈洁．基于形态学和分水岭算法的数字图像分割研究［D］．西安：长安大学，2012.

[74] 崔少飞．基于边缘的图像配准方法研究［D］．河北：华北电力大学，2008.

[75] 孙李辉，李钊，史德琴，等．基于数学形态学的图像边缘检测新方法［J］．无线电通信技术，2008，34（5）：49-51.

[76] 陈为．基于变化方向光源的压印立体字符分割方法的研究［D］.济南：山东大学，2013.

[77] 刘长江．基于神经网络的工业 CT 图像边缘提取的算法研究［D］．重庆：重庆大学，2008.

[78] 刘海宾，希勤，刘向东．基于分水岭和区域合并的图像分割算法［J］.计算机应用研究，2007，24（9）：307-308.

[79] 谢巨斌，高娃，焦志广．向量机的视频检索应用［J］．电子世界，2013（17）：101-102.

[80] 郝伟．基于降雪模型的图像轮廓提取方法研究［D］．宜昌：三峡大学，2011.

[81] 刘宏志．基于 K 近邻快速区域归并的图像分割算法研究及应用

［D］．上海：复旦大学，2009.

　　［82］窦星江．基于储层及生物地层数字图像处理的油田勘探分析系统的设计与实现［D］．吉林：吉林大学，2012.

　　［83］刘兆．医学图像序列分割方法研究［D］．长沙：国防科学技术大学，2007.

　　［84］范铭，崔艳，张华．一项改进的粘连细胞分割方法［J］．广西物理，2008（1）：21-24.

　　［85］宋春玉．摄像机运动的视频图像分割［J］．计算机应用与软件，2010，27（9）：262-264.

　　［86］曾荣周，伏云昌，童耀南．一项改进的分水岭分割的研究［J］．光电子技术，2007，27（1）：23-26.

　　［87］李梅．基于 Otsu 算法的图像分割研究［D］．合肥：合肥工业大学，2011.

　　［88］潘春雨，卢志刚，秦嘉．基于区域阈值的图像分割方法研究［J］．火力与指挥控制，2011，36（1）：118-121.

　　［89］熊福松．基于阈值选取的图像分割方法研究［D］．无锡：江南大学，2007.

　　［90］李然．基于数学形态学的植物叶片图像预处理［J］．农业网络信息，2008，1：43-45.

　　［91］佚名．基于数学形态学的植物叶片图像［EB/OL］．［2018-07-03］．http：//wenku. baidu. c，2017.

　　［92］佚名．论文小波变换的图像分割［EB/OL］．［2018-07-03］．http：//wenku. baidu. c，2012.

　　［93］苏玉梅．植物叶片图像分析方法的研究与实现［D］．南京：南京理工大学，2007.

　　［94］佚名．基于 MATLAB 的图像分割处理［EB/OL］．［2018-07-03］．http：//wenku. baidu. c，2012.

　　［95］薛文格．基于灰色关联分析的图像边缘检测研究［D］．昆明：

云南师范大学，2008.

　　［96］安永军．基于神经网络的数字识别［EB/OL］．［2018-07-03］．http：//www.docin.com，2017.

　　［97］黄勋．基于机器视觉的纸基材料表面缺陷检测技术研究［D］．西安：陕西科技大学，2010.

　　［98］李娜．基于数学形态学的藻类图像去噪算法研究［D］．青岛：中国海洋大学，2013.

　　［99］佚名．视屏图像处理［EB/OL］．［2018-07-04］．http：//wenku.baidu.c，2017.

　　［100］卢斌．一种快递最佳路径算法设计研究［EB/OL］．［2018-07-04］．http：//wenku.baidu.c，2017.

　　［101］杨群．基于直方图和小波变换的图像分割方法的研究［D］．南昌：南昌大学，2006.

　　［102］徐亮，吴海涛，孔银昌．自适应阈值Canny边缘检测算法研究［J］．软件导刊，2013（8）：62-64.

　　［103］李博，王治平，刘俊标，等．基于canny算子的新型盲用图形生成技术［J］．现代科学仪器，2011（3）：17-20.

　　［104］佚名．图像分割［EB/OL］．［2018-07-04］．http：//www.docin.com，2012.

　　［105］谢红梅，俞卞章．基于小波变换数据融合的图像边缘检测算法［J］．电路与系统学报，2004，9（2）：118-121.

　　［106］杨修国．浅谈图像阈值分割技术［J］．电子设计工程，2012，20（23）：36-37.

　　［107］霍永青．图像序列中平稳/非平稳客体检测与细节可视性分析［D］．成都：电子科技大学，2005.

　　［108］徐广敏．半监督均值偏移框架及其图像分割应用［D］．南京：南京航空航天大学，2010.

　　［109］欧阳鑫玉，赵楠楠，宋蕾，等．图像分割技术的发展［J］．鞍

山钢铁学院学报，2002，25（5）：363-368.

　　［110］黄亚伟，陈悦，黄晓华．基于遗传算法的二维最大类间方差法的优化［J］．机械与电子，2018（4）．

　　［111］郭建甲．基于数字图像处理技术的水厂自动加矾系统［D］．南京：河海大学，2005.

　　［112］龙满生，欧阳春娟，刘欢，等．基于卷积神经网络与迁移学习的油茶病害图像识别［J］．农业工程学报，2018（18）．

　　［113］陈晨．视频分析中的镜头分割和目标跟踪研究［D］．南京：南京理工大学，2012.

　　［114］李宣平，王雪．模糊聚类协作区域主动轮廓模型医学图像分割［J］．仪器仪表学报，2013，34（4）：860-865.

　　［115］储颖．面向汽车主动安全的驾驶行为识别关键技术研究［D］．合肥：合肥工业大学，2010.

　　［116］潘晓苹，汪天富．手背静脉图像 ROI 提取算法研究［J］．信息通信，2013，5：1-3.

　　［117］张克军，刘哲．图像理解原理的数学评价［J］．计算机工程与设计，2007，28（8）：1876-1878.

　　［118］张铁锋，庞明，李牧．基于颜色和边缘信息融合的目标定位方法研究［J］．物流技术，2012，31（13）：256-258.

　　［119］曾爱群，张烈平，陈婷．基于 MATLAB 的芒果边缘检测的研究［J］．微计算机信息，2007，23（33）：313-314.

　　［120］佚名．彩色图像肤色区域分割算法设计［EB/OL］．［2018-07-04］.http：//wenku.baidu.c，2017.

　　［121］臧顺全．基于图割优化的 Markov 随机场图像分割方法综述［J］．电视技术，2013，37（1）：36-40.

　　［122］李皓迪．基于邻域灰度变化矢量场的一种图像边缘检测的新方法［D］．成都：电子科技大学，2006.

　　［123］杨威，毛霆，张云，等．注射制品表面缺陷在线检测与自动识

别［J］. 模具工业，2013（7）：7-12.

　　［124］佚名. K 均值聚类在基于 OpenCV 的图像分割中的应用［EB/OL］.［2018-07-04］. http：//wenku. baidu. c，2017.

　　［125］佚名. 图像分割-Happy Together 的博客［EB/OL］.［2018-07-04］. http：//blog. csdn. net，2017.

　　［126］佚名. 纹理分割_ 图文［EB/OL］. http：//wenku. baidu. c，2017.

　　［127］赵建敏，芦建文. 基于字典学习的马铃薯叶片病害图像识别算法［J］. 河南农业科学，2018，47（4）：154-160.

　　［128］佚名. 图像分割［EB/OL］.［2018-07-04］. http：//www. docin. com，2017.

　　［129］佚名. 图像分割方法概述［EB/OL］.［2018-07-04］. http：//wenku. baidu. c，2017.

　　［130］佚名. 图像分类所需知识整理［EB/OL］.［2018-07-04］. http：//wenku. baidu. c，2017.

　　［131］佚名. 遥感图像的处理识别［EB/OL］.［2018-07-04］. http：//wenku. baidu. c，2012.

　　［132］佚名. cvKMeans2 均值聚类分析+代码解析+灰度彩色图像聚类［EB/OL］.［2018-07-04］. http：//blog. csdn. net，2013.

　　［133］佚名. 基于区域的图像分割算法［EB/OL］.［2018-07-05］. http：//wenku. baidu. c，2017.

　　［134］佚名. 图像分割［EB/OL］.［2018-07-05］. http：//wenku. baidu. c，2012.

　　［135］魏伟波，潘振宽. 图像分割方法综述［J］. 世界科技研究与发展，2009，31（6）：1074-1078.

　　［136］葛琦，陈小祥. 常见阴影去除算法研究［J］. 信息与电脑（理论版），2016.

　　［137］佚名. 基于灰度图像的阈值分割改进方法［EB/OL］.［2018-07-05］. http：//wenku. baidu. c，2016.

［138］佚名．基于小波的图像分割方法［EB/OL］．［2018-07-05］．http：//wenku. baidu. c，2017.

［139］赵俊茹．防喷器的声发射检测及信号分析方法研究［D］．大庆：东北石油大学，2013.

［140］李玉倩，胡步发．K-均值优化初始中心聚类单板图像的分割［J］．机械制造与自动化，2018.

［141］高云霞，李涛．基于模糊聚类分析的超致密裂缝储层有效性识别［J］．中国石油和化工标准与质量，2018.

［142］白万民，郝阳，喻钧．基于分水岭方法的数码迷彩设计［J］．计算机与数字工程，2012，40（8）：110-113.

［143］邵锐，巫兆聪，钟世明．基于粗糙集的K均值聚类算法在图像分割中的应用［J］．测绘信息与工程，2005，30（5）：1-2.

［144］赵超凡．基于数据挖掘的甲烷化催化剂建模研究［D］．太原：太原理工大学，2018.

［145］彭佳雯，姜健，陈港归．客户价值评估及流失分析与研究［J］．经贸实践，2018（8）.

［146］郭清达．基于运动图像检测的变电站远程监控系统研究［D］．广州：华南理工大学，2011.

［147］周俊．空间运动图像序列目标检测与追踪方法研究［D］．北京：北京邮电大学，2015.

［148］胡勇．面向无人机影像和坡度数据的梯田田块提取方法研究［D］．杨凌：西北农林科技大学，2018.

［149］李健．关节型机器人运动轨迹双目视觉精确检测［D］．北京：北京工商大学，2010.

［150］张艳丰，李贺，彭丽徽，等．基于情感语义特征抽取的在线评论有用性分类算法与应用［J］．数据分析与知识发现，2017，1（12）：74-83.

［151］景云华，董才林，杨扬，等．复杂背景下的阈值插值方法［J］．计算机工程，2003，29（17）：160-161.

[152] 谢雪姣，青科言，朱志浩．基于混合整数线性规划的地下物流网络构建［J］．综合运输，2018（8）．

[153] 梁丹．基于视觉注意机制及区域生长的图像分割方法研究［D］．杭州：浙江大学，2013．

[154] 陈坤，马燕，李顺宝．融合直方图阈值和 K-均值的彩色图像分割方法［J］．计算机工程与应用，2013，49（4）：170-173．

[155] 张天．基于边界识别与跟踪控制的清扫机器人导航研究与设计［D］．秦皇岛：燕山大学，2011．

[156] 朱亚红，汪民乐，杨先德，等．一种基于区域不变矩的图像特征关联方法［J］．现代电子技术，2010，33（20）：63-66．

[157] 储霞，吴效明，黄岳山．一种基于人脸皮肤图像的色斑检测算法［J］．微计算机信息，2009，25（21）：249-251．

[158] 刘玉洁．改进的 K 均值聚类算法彩色图像分割的研究［J］．工业控制计算机，2012，25（4）：76-77．

[159] 王贝．CT 图像的肺结节检测与分割［D］．成都：电子科技大学，2018．

[160] 翁文奇．基于遥感图像的机场和无水桥梁目标识别研究与实现［D］．西安：西安电子科技大学，2010．

[161] 闫军朝．基于多特征标记的分水岭分割算法的研究［D］．抚州：东华理工大学，2015．

[162] 邵锐，巫兆聪，钟世明．粗糙集理论在遥感影像分割中的应用［J］．地理空间信息，2005，3（5）：26-28．

[163] 闫成新．基于区域的图象分割技术研究［D］．武汉：华中科技大学，2004．

[164] 秦昭晖．面向中医诊断的舌图像分割的研究与应用［D］．广州：广东工业大学，2008．

[165] 佚名．MATLAB 的图像分割算法研究［EB/OL］．［2018-07-05］．http：//wenku.baidu.c，2012．

［166］佚名．基于 MATLAB 的图像分割算法研究［EB/OL］．［2018-07-05］．http：//www. docin. com，2016.

［167］佚名．基于 MATLAB 的图像分割算法研究［EB/OL］．［2018-07-05］．http：//www. docin. com，2017.

［168］闫成新，桑农，张天序．基于图论的图像分割研究进展［J］．计算机工程与应用，2006，42（05）：15-18.

［169］佚名．基于 K 均值聚类算法——毕业论文［EB/OL］．［2018-07-05］．http：//wenku. baidu. c，2012.

［170］佚名．均值聚类算法的改进研究［EB/OL］．［2018-07-05］．http：//www. docin. com，2016.

［171］孟庆涛．结合图论与聚类算法的自然场景图像分割方法研究［D］．苏州：苏州大学，2010.

［172］佚名．K 均值聚类图像分割聚类算法［EB/OL］．［2018-07-05］．http：//max. book118. c，2015.

［173］佚名．本科论文毕设——基于 K 均值聚类算法的设计与实现［EB/OL］．［2018-07-05］．http：//max. book118. c，2016.

［174］佚名．动态背景下目标图像分割方法的研究 4.21［EB/OL］．［2018-07-05］．http：//wenku. baidu. c，2012.

［175］王慧，申石磊．基于改进的 K 均值聚类彩色图像分割方法［J］．电脑知识与技术，2010，6（4）：962-964.

［176］佚名．图像分割；水平集方法［EB/OL］．［2018-07-05］．http：//www. docin. com，2017.

［177］涂继辉，眭海刚，吕枘蓬，等．基于基尼系数的倾斜航空影像中建筑物立面损毁检测［J］．武汉大学学报（信息科学版），2017，42（12）：1744-1748.

［178］张坤华，杨烜．应用聚类和分形实现复杂背景下的扩展目标分割［J］．光学精密工程，2009，17（7）：1665-1671.

［179］王芳梅，范虹，王凤妮．水平集在图像分割中的应用研究［J］．

计算机应用研究，2012，29（4）：1207-1210.

[180] 游瑞. 变分水平集的图像分割技术研究［D］. 武汉：华中科技大学，2011.

[181] 刘思奇. 飞秒激光辅助白内障手术导航系统的关键技术研究［D］. 苏州：苏州大学，2017.

[182] 张秋娜，李冬梅，徐珺，等. 变精度粗糙集的约简算法［J］. 模糊系统与数学，2017，6：132-135.

[183] 刘慧博，钱永杰. 基于粗糙集和灰色关联分析的仿真可信度评估［J］. 系统仿真学报，2018.

[184] 刘侃莹. 基于粗糙集理论的会计实验综合能力评价研究［J］. 科教导刊（上旬刊），2018，1：22-25.

第4章　最大最小判别映射植物
叶片图像分类方法研究

经典的植物叶片分类方法可以描述为：提取叶片的一些特征参数，采用合适的分类器对植物开展识别与分类。选用的特征参数一般包括叶片的比例参数值、各种不变矩、傅里叶描绘子、小波变换系数和分形维数等。

我们知道，同类叶片甚至同一棵树上的叶片之间的差异有时非常大，如图 4-1（a）所示，桃树、桑树和石榴树各自叶片之间的差异非常大；而不同种类树木之间的叶片差异有时非常小，如图 4-1（b）所示，络石和油茶树叶片之间的差异较小。该现象使非常多的叶片分类方法不能满足植物自动分类系统的需要，主要原因是这些方法基本上属于统计或线性特征提取方法，无法得到高维、多变和非线性叶片图像固有的内在数据结构。

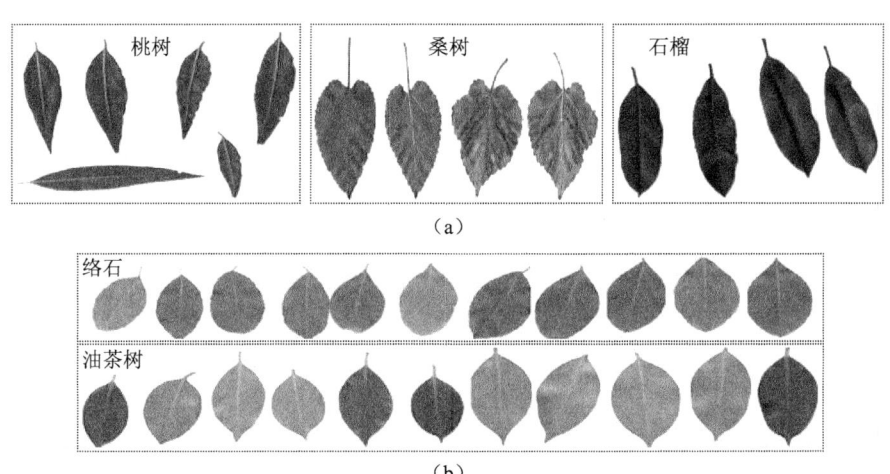

图 4-1　5 种不同种类树木的叶片图像

植物叶片图像分类的关键步骤是数据降维。许多非线性植物叶片图像都不适合用经典的线性降维方法来处理。流形学习是一个相对较新的非线性降维技术，可以找到低维流形结构嵌入高维数据空间，对训练集的高维数据实现非线性降维，并给出一个有效的低维测试数据集，分类特征易于识别。目前，人脸、手写体识别、掌纹和植物叶片图像等领域已经成功地应用了流形学习。为了克服现有的监督流形学习算法权值计算中，存在因为需要判别任意两个样本是否属于同一类别而降低了算法的效率这一问题，本章首先采用 Warshall 算法快速获得数据类的关系矩阵，然后提出了一项判别映射歧管基于最大最小准则的学习算法，并将其应用于植物叶片图像的分类。该方法的目标是获得一个映射矩阵，减少低维空间中相似样本之间的距离，同时增大异质样本间的距离，以提高数据的分类率。

4.1　最大最小判别映射方法

4.1.1　Warshall 算法

1962 年，Warshall 提出了一项有效的算法来实现关系的传递闭包。具体过程如下：n 个元素有限集合中，关系 R 的关系矩阵为 M。

（1）新矩阵 $A = M$；

（2）$k = 1$；

（3）如果 $A[i, k] = 1$，那么 $j = 1$，…，N，执行：$A[i, j] \leftarrow A[i, j] \lor A[k, j]$；

（4）$k = k + 1$；

（5）如果 $k \leqslant n$，则进入步骤（3）；若 $k > n$，则停止。

得到的矩阵 A 是关系 R 的传递闭包 $t(R)$ 的关系矩阵。

下面通过一个问题来学习与实现 Warshall 传递包算法：

假设一个有向图的传递闭包有 n 个顶点：有向图中的初始路径可参照

它的邻接矩阵 A，如果邻接矩阵 $A[i, j]$ 中 i 到 j 是直接可达的，则 $A[i, j]$ 记为 1，否则记为 0；两个有向图中，i 到 j 有可达路径表示从 i 点开始经过其他点能够到达 j 点，如果 i 到 j 有路径，则将 $T[i, j]$ 设置为 1，否则设置为 0。有向图的传递闭包代表了来自邻接矩阵 A 的所有节点都可以访问的路径，而矩阵则是需要的传递闭包矩阵……

如图 4-2 所示，这是一张有向图。

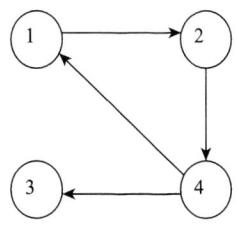

图 4-2　有向图

由该有向图可以得到初始的邻接矩阵为

$$A = \begin{bmatrix} 0 & 1 & 0 & 0 \\ 0 & 0 & 0 & 1 \\ 0 & 0 & 0 & 0 \\ 1 & 0 & 1 & 0 \end{bmatrix}$$
$$\quad\ 1 \quad 2 \quad 3 \quad 4$$

那么 Warshall 传递闭包算法的目的就是由邻接矩阵出发，求出最终的传递闭包：

$$T = \begin{bmatrix} ① & 1 & 1 & 1 \\ 1 & ① & 1 & 1 \\ 0 & 0 & ① & 0 \\ 1 & 1 & 1 & ① \end{bmatrix}$$
$$\quad\ 1 \quad 2 \quad 3 \quad 4$$

在 Warshall 算法中，关系 R 的关系图为 G，图 G 的所有顶点都是 $v1, v2, \cdots, vn, t(R)$ 的图可用下述方法得到：如果 G 的任意两顶点

之间有一条路径 vi 和 vj，但是没有 vi 到 vj 的弧，则可以增加一条从 vi 到 vj 弧，将这样修改后的图标记为 G'，G' 即是 $t(R)$ 的关系图。G' 的邻接矩阵 A 应该满足：如果有一个路径从 vi 到 vj 连通，那么 $A[i, j] = 1$，否则 $A[i, j] = 0$。

因此，找 $t(R)$ 的问题就变成了它是否与图 G 中的每一对顶点连在一起的问题。

我们假定 n 阶方阵中每个方阵的元素值只能取 0 或 1，来定义一个 n 阶方阵序列 $A(0)$，$A(1)$，$A(2)$，…，$A(n)$。如果 $A(m)[i, j] = 1$，则表示从 vi 到 vj 的路径，中间顶点数不大于 $m(m = 1, …, n)$；若 $A(m)[i, j] = 0$，则表示没有这样的路径。而 $A(0)[i, j] = 1$ 意味着从 vi 到 vj 有一条弧；$A(0)[i, j] = 0$ 意味着没有从 vi 到 vj 的弧。

因此，$A(n)[i, j] = 1$ 意味着 vi 与 vj 相连，$A(n)[i, j] = 0$ 表示 vi 与 vj 无关。因此 $A(n)$ 是 $t(R)$ 的关系矩阵。

如果 $A(0)[i, 1] = 1$ 且 $A(0)[1, j] = 1$，或 $A(0)[i, j] = 1$，当且仅当有一条从 vi 到 vj 的路径，中间顶点数不大于 1，则 $A(1)[i, j]$ 应设为 1，否则它将为 0。

一般来说，如果 $A(k-1)[i, k] = 1$ 且 $A(k-1)[k, j] = 1$，或 $A(k-1)[i, j] = 1$，当且仅当有一条从 vi 到 vj 的路径，中间顶点数小于等于 k 的路径，那么 $A(k)[i, j]$ 应该设为 1，否则为 $0(k = 1, …, n)$。公式为

$$A(k)[i, j] = (A(k-1)[i, k] \wedge A(k-1)[k, j]) \vee A(k-1)[i, j]$$
$$i, j, k = 1, …, n$$

在这种情况下，计算 $A(k)$ 的方法：$A(k)$ 被分配给 $A(k-1)$；所有 $i = 1, …, n$，如果 $A(k)[i, k] = 1$（即 $A(k-1)[i, k] = 1$），那么所有 $j = 1, …, n$，执行：

$$A(k)[i, j] \leftarrow A(k)[i, j] \vee A(k-1)[k, j]$$

但这是在 Warshall 算法中第 (3) 步的距离。如果我们把它改成：

$$A(k)[i, j] \leftarrow A(k)[i, j] \vee A(k)[k, j] （也就是说，将一个$$

$A(k-1)[k, j]$ 改为 $A(k)[k, j]$)

如果去掉上面的 (k)，公式可以改成：

$$A[i, j] \leftarrow A[i, j] \vee A[k, j]$$

这只能通过存储 n 阶矩阵的空间来计算，并且与 Warshall 算法中的第 3 步相一致。那么，我们能否让 $A(k-1)[k, j]$ 与 $A(k)[k, j]$ 相等呢？答案是肯定的。下面将证明 $A(k-1)[k, j]$ 和 $A(k)[k, j]$ 相等($A(k)$ 被赋初值 $A(k-1)$ 后)。在计算 $A(k)$ 的方法中，只有当 $i = k$ 时，才有可能改变 $A(k)[k, j]$ 的值，此时将式 $A(k)[i, j] \leftarrow A(k)[i, j] \vee A(k-1)[k, j]$ 中的 i 换为 k，得 $A(k)[k, j] \leftarrow A(k)[k, j] \vee A(k-1)[k, j]$。对某一点 j，在执行这种类型的赋值操作前，$A(k)[k, j] = A(k-1)[k, j]$。因为 $A(k)$ 的计算开始时其被赋为 $A(k-1)$，因此它们开展或运算的结果等于 $A(k-1)[k, j]$。因此赋值操作没有改变 $A(k)[k, j]$ 的值。因此，$A(k-1)[k, j]$ 与 $A(k)[k, j]$ 相等，因为任何操作都不会改变 $A(k)[k, j]$ 的值。

综上所述，可以得到 $A(n)$ 的算法，该算法与上面的 Warshall 算法完全相同。

从以上分析不难看出，Warshall 算法与求图像中每条最短路径的 Floyd 算法相似。事实上，用 Floyd 算法也可以求关系的传递闭包，即令 R 的关系图 G 中每条弧的权值都为 1，这样可得到一个有向网 $G1$，设 $G1$ 的邻接矩阵为 $D(-1)$(如果 vi 没有循环，则 $D(-1)(i, i) = \infty$)，对 $G1$ 用 Floyd 算法求其每一对顶点之间的最短路径，得矩阵 $D(n-1)$。因为如果 G 中的 vi 与 vj 连接，当且仅当 $D(n-1)[i, j]$ 不等于无穷大时，可将无穷矩阵 D 改为 0，其他值改为 1，得矩阵 A，则矩阵 A 即为 $t(R)$ 的关系矩阵。

4.1.2　最大最小判别映射算法

监督流形学习算法常用最大最小准则，即找到一个映射矩阵，使地图上的原始数据经过映射后同类样本之间的距离平方和最小，不同类样本之间的距离平方和最大。Warshall 算法是一项有效的二元关系转移闭合算法，可以用来快速获取样本之间的分类关系。基于最大最小标准和 Warshall 算法，本章提出一项新的最大最小判别映射（MMDP）算法，详细介绍如下：

有 n 个 C 类，带有高维样本点为 $X = [X_1, X_2, \cdots, X_n] \subset R^{D \times n}$，对应的低维映射为 $Y = [Y_1, Y_2, \cdots, Y_n] \in R^{d \times n}$，$Y = A^T X$，$d \ll D$，$A$ 是映射矩阵，$N(X_i)$ 为点 X_i 的 k 个最近邻的点集。一个加权的最近的邻域图是通过连接任何一个点与其所有的 k 最近的邻接域，以及任何两点之间的权重来获得的，即有

$$W_{ij} = \begin{cases} \exp(-\dfrac{\|X_i - X_j\|^2}{\beta}), & \text{若 } X_i \in N(x_j) \text{ 或 } X_j \in N(x_i) \\ 0, & \text{其他} \end{cases} \quad (4\text{-}1)$$

式中，β 为调节参数。

该样本的散度矩阵 S_w 和类的散度矩阵 S_b 定义如下：

$$S_w = \sum_i \sum_j R_{ij} \cdot W_{ij} \|Y_i - Y_j\|^2 \quad (4\text{-}2)$$

$$S_b = \sum_i \sum_j (1 - R_{ij}) \cdot W_{ij} \|Y_i - Y_j\|^2 \quad (4\text{-}3)$$

式中，R_{ij} 为样本的类别关系，表示为

$$R_{ij} = \begin{cases} 1, & \text{若 } X_i \text{ 和 } X_j \text{ 类别相同} \\ 0, & \text{其他} \end{cases} \quad (4\text{-}4)$$

利用 Warshall 算法，可以快速获得各种类型的关系，伪代码如下：

```
Input i, j, k;
For (i=1; i<=n; i++)
    R [i, j] =a [i, j];
For (k=1; i<=n; i++)
    For (i=1; i<=n; i++)
      If (R [i, k] =1) {
        For (j=1; i<=n; i++)
        R [i, j] =R [i, j] ∨R [k, j];}
```

该算法的目的是试图找到一个映射矩阵，当所有的样本映射后，其

值在低维空间类似于最小值，同时采样点之间的距离并不是相同采样点之间的距离中的最远者。合成式（4-2）和式（4-3），构造一个最优目标函数；根据式（4-4），当 X_i 与 X_j 属于同一个类时 $R_{ij}=1$；否则 $R_{ij}=0$，则 $1-R_{ij}=1$。结合式（4-2）和式（4-3）得知，S_w 和 S_b 可以分别反映数据的类和类间的局部结构。为了分类，我们想要 S_w 最小化和 S_b 最大化。

最小化 S_w 意味着，如果两个相似样本之间的距离非常大，就会产生一个大的惩罚值，试图让两者间的距离越来越接近，采样点之间的距离也越来越近，也就是说，在某种程度上同一邻域内的两个相似样本之间的距离在低维映射空间中将变小；最大化 S_b 意味着，如果两个不同样本之间的距离非常小，就会产生一个非常大的惩罚值，试图让不同采样点之间的距离越来越远，也就是说，在某种程度上同一邻域内两个不同样本之间的距离在低维映射空间中将被扩大。

本章所介绍的算法试图找到一个映射矩阵，记为 A，使所有样本映射后，在低维空间类似于最小值，同时不同类样本采样点之间的距离是最大的。综合式（4-2）和式（4-3），构造一个最优目标函数，即为

$$J(A)=\max_A \frac{A^{\mathrm{T}}S_b A}{A^{\mathrm{T}}S_w A} \tag{4-5}$$

经过简单的数学推导，可得

$$\frac{1}{2}S_w = \frac{1}{2}\sum_{i=1}^n \sum_{j=1}^n R_{ij}\cdot W_{ij}\left(A^{\mathrm{T}}X_i - A^{\mathrm{T}}X_j\right)^2$$

$$= \sum_{i=1}^n \sum_{j=1}^n A^{\mathrm{T}}X_i^{\mathrm{T}}R_{ii}\cdot W_{ii}X_i A - \sum_{i=1}^n \sum_{j=1}^n A^{\mathrm{T}}X_i^{\mathrm{T}}R_{ij}\cdot W_{ij}X_j A$$

$$= tr(A^{\mathrm{T}}XD_w X^{\mathrm{T}}A) - tr(A^{\mathrm{T}}XW_w X^{\mathrm{T}}A)$$

$$= tr(A^{\mathrm{T}}XL_w X^{\mathrm{T}}A) \tag{4-6}$$

式中，$L_w = D_w - W_w$，$W_w = \{R_{ij}\cdot W_{ij}\}$，$D_w$ 为一个对角矩阵，$D_{ii} = \sum_j R_{ij}\cdot W_{ij}$。

同理可得

$$\frac{1}{2}S_b = tr(A^{\mathrm{T}}XL_b X^{\mathrm{T}}A) \tag{4-7}$$

式中，$L_b = D_b - W_b$，$W_b = \{(1 - R_{ij}) \cdot W_{ij}\}$，$D_b$ 为一个对角矩阵，$D_{b,ii} = \sum_j ((1 - R_{ij}) \cdot W_{ij})$。

将式（4-6）和式（4-7）代入式（4-5）得目标函数为

$$J(A) = \max_A \frac{tr(A^T X L_b X^T A)}{tr(A^T X L_w X^T A)} \tag{4-8}$$

为了在映射前后保持样本之间的距离，一个正交约束条件 $A^T A = I$ 被添加到式（4-8）中，

$$\text{目标优化问题是} \begin{cases} \max \dfrac{tr(A^T X L_b X^T A)}{tr(A^T X L_w X^T A)} \\ \text{约束条件：} A^T A = I \end{cases} \tag{4-9}$$

通过特征值分解得到对应于式（4-8）的最优解。设式（4-8）的集合 d 特征值 λ_1，λ_2，L，λ_d 对应的特征向量为 a_1，a_2，L，a_d。利用 Gram-Schmidt 正交化过程，非常容易将式（4-8）的解转换为式（4-9）的正交最优解。设 $b_1 = a_1$，并假设得到 $m-1$ 个正交解为 b_1，b_2，$\cdots$，b_{m-1}，可以用下面的公式得到第 m 个正交解，

$$b_m = a_m - \sum_{i=1}^{m-1} \frac{b_i^T a_m}{b_i^T b_i} b_i \tag{4-10}$$

由式（4-10）得到的正交映射矩阵记为 $B = [b_1, b_2, \cdots, b_d]$。对于任何样本 X_{new}，相应的低维映射 Y_{new} 都可以由下面的线性变换表示

$$X_i \rightarrow Y_i = B^T X_i \tag{4-11}$$

式中，$B = [b_1, b_2, \cdots, b_d]$，$Y_{new} \in R^d$。

本章介绍的算法充分考虑了数据的局部性质和类别信息，适用于植物叶片图像的非线性数据维数约简过程。

4.2 实验结果与分析

4.2.1 实验简述

为了验证本章提出的基于最大最小判别映射的植物叶片图像分类方法

的有效性，利用瑞典植物叶片数据集中的 15 类叶片图像（每类 75 幅）开展实验，同时与现有的叶片图像分类算法 NRS、SVM、EMCH 和 MLLDE 进行比较。首先，对采集到的叶片图像开展分割、去掉叶柄和矫正等预处理，再将预处理后的每幅图像归一化为 64×64 像素大小的灰度图，背景为白色。如图 4-3 所示，为 8 类植物叶片图像的处理结果。然后，将每幅二维图像按一行接一行的顺序转换为 4096 维的向量。将处理后的叶片图像集分为训练集和测试集。测试集用于算法验证。对于 NRS、SVM 和 EMCH 算法，训练集用于参数选取；对于 MLLDE 和本章介绍的算法 MMDP，训练集用于求取映射矩阵。

采用的 K 最近邻分类器为 MATLAB 7.0 中的函数 knnclassify。

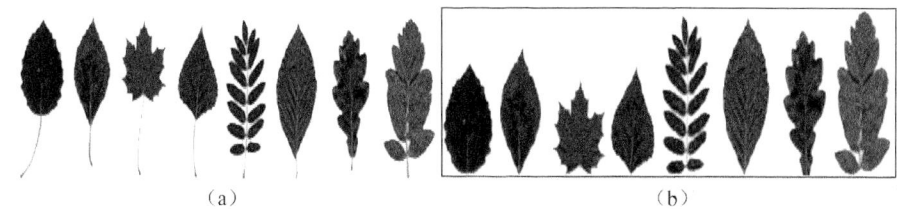

（a）　　　　　　　　　　　　　　　　　（b）

图 4-3　8 类植物叶片图像的处理结果

注：（a）为原叶图像；（b）为相应的处理后的图像，叶柄被去除。

4.2.2　实验步骤

利用本章提出的方法开展植物叶片图像的分类实验时的步骤如下：

输入：训练集 $X = \{(X_i,\ c_i)\}_{i=1}^n$，$c_i$ 为点 X_i 的样本标签。

输出：测试集的样本标签。

（1）由 Warshall 算法构建训练集 X 的类别关系 R_{ij}；

（2）将 X 投影到 PCA 子空间，除去最小的主成分，保留 98% 能量，可以消除大部分噪声，进而克服奇异值问题。经 PCA 降维后的数据不妨仍记为 X；

（3）建立加权近邻图 G，若任意两点 X_i 和 X_j 互为 K 最近邻域点，连接节点 i 和 j，该线的权重为式（4-1）；

（4）由式（4-2）和式（4-3）计算 X 的类内散度矩阵 S_w 和类间散度矩阵 S_b；

（5）构建正交约束的最佳目标优化问题，见式（4-9）；

（6）对式（4-9）进行广义特征值分解，求得 d 个最大的特征值对应的特征向量 a_1，a_2，L，a_d；

（7）由式（4-10）构建 $D \times d$ 的正交映射矩阵 B；

（8）利用式（4-11）对测试集样本开展维数约简，得 Y_{new}；

（9）利用1-最近邻分类器确定 Y_{new} 的类别标签。

4.2.3　结果与分析

在实验中，从每种植物叶片中任意选择 m 幅图像构成训练样本集，剩余的 $75-m$ 幅构成测试样本集。算法中涉及的两个参数 k 和 β 可以由交叉验证法得到。为了简单起见，在实验中取 $\beta = \|X_i\| \cdot \|X_j\|$，最近邻数 k 被设置为 $(l-1)$，其中 l 为训练集中每类样本的数目。对于每个固定的 m，重复开展实验100次，记录每次实验中识别率的最大值。如表4-1所示，在基于 NRS、SVM、EMCH、MLLDE 和 MMDP 的叶片实验结果中，MMDP 的实验效果最好。

表4-1　基于 NRS、SVM、EMCH、MLLDE 和 MMDP 的叶片实验结果

方法	识别率和方差（%）					
	10 幅	20 幅	30 幅	40 幅	45 幅	50 幅
NRS	76.49±6.4	85.39±6.3	89.89±6.5	91.02±6.6	91.28±6.1	91.37±6.0
SVM	81.43±4.6	86.13±4.7	91.12±4.7	92.49±4.8	92.46±3.4	92.39±3.5
EMCH	81.92±5.7	92.39±6.7	92.09±6.7	92.04±5.83	92.67±5.5	92.89±5.2
MLLDE	91.42±4.9	92.85±5.7	93.58±4.6	93.61±4.5	94.12±4.5	94.28±4.01
MMDP	93.67±4.7	95.61±4.9	96.38±4.5	96.42±4.4	96.65±4.3	96.82±4.3

从表4-1可以看出，识别率几乎都是随着训练集样本数目的增加而增大，这是因为随着训练集样本数目的增加，估计的 NRS、SVM 和 EMCH 算法的参数越可靠，得到 MLLDE 和 MMDP 算法的映射矩阵就越能反映数据

的本征结构；还可以看出 MLLDE 和 MMDP 算法的识别率比其他算法要高得多，原因是这两种算法利用了叶片图像的类别先验知识，即类别信息和流形假设，同时保持了数据的局部结构。由此说明，利用数据的类别信息和保持非线性数据的局部结构对提高分类算法的性能有着重要作用。与 MLLDE 相比，MMDP 算法结构简单，物理意义明确，而且识别率高。

4.3　小结

维数约简是植物叶片图像分类的一个关键步骤，经典的维数约简算法很难得到复杂、非线性数据的内在流形结构。流形学习是较新的一类非线性维数约简算法，广泛应用于人脸、掌纹和手写字体识别领域。由于监督流形学习算法中需要判别任意两个样本点是否属于同类样本，这就影响了算法的性能。为了克服这个问题，本章在 Warshall 算法的基础上，提出了一项最大最小判别映射算法，并应用于植物叶片图像分类领域，在公开叶片数据集上的实验证明了该算法的有效性。

参考文献

［1］王晓峰．水平集方法及其在图像分割中的应用研究［D］．合肥：中国科学技术大学，2009.

［2］杜吉祥．植物物种机器识别技术的研究［D］．合肥：中国科学技术大学，2005.

［3］黄林，贺鹏，王经民．基于概率神经网络和分形的植物叶片机器识别研究［J］．西北农林科技大学学报（自然科学版），2008，36（9）：212-218.

［4］TIMMERMANS A J M ，HULZEBOSCH A A. Computer vision system for on-line sorting of pot plants using an artificial neural network classifier［J］. Computers and Electronics in Agriculture，1996，15（1）：41-55.

［5］YONEKAWA S, SAKAI N, KITANI O. Identification of idealized leaf types using simple dimensionless shape factors by image analysis［J］. Trans ASAE, 1996, 39（4）: 1525-1533.

［6］ABBASI S, MOKHTARIAN F, KITTLER J. Reliable classification of chrysanthemum leaves through curvature scale space［J］. ICSSTCV, 1997, 284-295.

［7］王晓峰，黄德双，杜吉祥，等. 叶片图像特征提取与识别技术的研究［J］. 计算机工程与应用, 2006, 42（3）: 190-193.

［8］LIU J M. A new plant leaf classification method based on neighborhood rough set［J］. Advances in information Sciences and Service Sciences（AISS）, 2012, 4（1）: 116-124.

［9］ARUNPRIYA C, BALASARAVANAN T. An efficient leaf recognition algorithm for plant classification using support vector machine. Proceedings of the International Conference on Pattern Recognition, Informatics and Medical Engineering, March 21-23, 2012［C］. Salem, India: Tamilnadu, 2012.

［10］WANG X F, HUANG D S, DU J X, et al. Classification of plant leaf images with complicated background［J］. Applied Mathematics and Computation, 2008, 205（2）: 916-926.

［11］TENENBAUM J B, DE SILVA V, LANGFORD J C. A global geometric framework for nonlinear dimensionality reduction［J］. Science, 2000, 290（5500）: 2319-2323.

［12］ROWEIS S T, SAUL L K. Nonlinear dimensionality reduction by locally linear embedding［J］. Science, 2000, 290（5500）: 2323 -2326.

［13］WEINBERGERK Q, SAUL L K. An introduction to nonlinear dimensionality reduction by maximum variance unfolding. AAAI'06 proceedings of the 21st national conference on Artificial Intelligence, July 16 - 20, 2006［C］. Boston: Massachusetts, 2006.

［14］李波. 基于流形学习的特征提取方法及其应用研究［D］. 合肥:

中国科学技术大学，2008.

［15］ZHANG S W, LEI Y K. Modified locally linear discriminant embedding for plant leaf recognition ［J］. Neurocomputing, 2011, 74 （14－15）：2284-2290.

［16］张善文，巨春芬. 正交全局-局部判别映射应用于植物叶片分类 ［J］. 农业工程学报，2010，26 （10）：162-165.

［17］LIU G S, YANG M Z. Discriminative locality preserving dimensionality reduction based on must－link constraints. Proceedings of 2011 International Conference on Electronic & Mechanical Engineering and Information Technology, August 12-14, 2011 ［C］. China：Harbin，2011.

［18］SÖDERKVIST. Computer vision classification of leaf from Swedishtrees ［D］. Sweden：Linköping University，2001.

［19］张善文，张传雷，程雷. 基于监督正交局部保持映射的植物叶片图像分类方法 ［J］. 农业工程学报，2013，29 （5）：125-131.

［20］张善文，张传雷，黄文准. 基于最大最小判别映射的煤矿井下人员身份鉴别方法 ［J］. 煤炭学报，2013，38 （10）：1894-1899.

［21］张善文，张传雷，王旭启，等. 基于叶片图像和监督正交最大差异伸展的植物识别方法 ［J］. 林业科学，2013，49 （6）：184-188.

［22］王献锋，王旭启，张传雷. 基于判别映射分析的植物叶片分类方法 ［J］. 江苏农业科学，2013，41 （3）：323-325.

［23］张善文，贾庆节，井荣枝. 基于正交线性判别分析的植物分类方法 ［J］. 安徽农业科学，2012，40 （1）：9-10.

［24］Anon. POJ 2594 Treasure Exploration （最小路径覆盖+传递闭包（解决可重点）） +传递闭包详解 ［EB/OL］. （2017-07-11）［2018-07-04］. https：//blog. csdn. net/qq_ 34374664/article/details/74964098.

［25］孙玉冰. 基于电子鼻技术的茶树虫害信息检测 ［D］. 杭州：浙江大学，2018.

第5章 基于叶片图像和监督正交最大差异伸展的植物识别方法研究

目前，在植物叶片的识别研究中，植物叶片一般来源于人工野外采集、农业自动监测系统采集或活体植物标本采集等渠道。通常情况下，室外采集到的植物叶片图像不可避免地具有较复杂的背景，例如植物叶片交叠、花叶交叠等，且植物叶片自身在形态结构上也较为复杂，边缘的拓扑结构变化比较大，室内外环境下的光照条件也不尽相同。这些因素都限制了以往的分割与识别方法对复杂背景下植物叶片图像的处理效果。因此，以往的线性维数约简和特征提取方法不能有效地研究存在于非线性叶片图像数据中的内在规律。

流形学习是近年来才发展起来的一类较新的非线性维数约简方法，在机器学习和模式识别领域得到了广泛应用（Roweis et al.，2000；Tenenbaum et al.，2000；He et al.，2005；Weinberger et al.，2006；李波，2008；张善文等，2010）。流形学习比以往的线性维数约简和特征提取方法更能认清数据的本质结构，更有利于对实际观察数据的理解和进一步处理，能更好地解决一些非线性结构数据的识别问题。最大差异伸展（Maximum Variance Unfolding，MVU）是一项有效的高维数据可视化流形学习算法（Zhang，2007；李波，2008）。MVU 将分布在高维空间的样本点通过一项非线性变换映射到低维子空间，并严格保持数据流形中近邻样本点间的距离不变。在 MVU 算法中，最近邻接点之间保持固定的距离和角度，并且在映射前后样本点之间的欧氏距离保持不变。但该方法并没有利用数据的类别信息。

研究表明，数据的类别信息有助于提高算法的识别效果。有学者提出了一项监督的最大差异映射（Maximum Variance Projection，MVP）方法（Zhang 等，2007），该方法利用数据点的类别信息来构造不同类样本点之间的差异，并引进原始 LLE（Roweis，2000）算法中的线性近似的目标函数作为约束条件来保存数据点之间的局部结构信息，以最大化差异为目标函数，求得一个最优线性投影子空间。由于该方法引进了 LLE 算法对目标函数开展线性近似，而 LLE 对噪声非常敏感，因此 MVP 算法的鲁棒性比较差。

本章在 MVU 和 MVP 的基础上，提出一项监督正交最大差异投影（Supervised Orthogonal Maximum Variance Mapping，SOMVM）流形学习算法。该算法不仅能够将高维空间的复杂数据投影到一个低维空间上，而且能够在保留数据点之间的局部结构不变的前提下，将不同子流形上的数据点投影得更远。因此，该算法适合于数据分类识别领域。本章将该方法应用于对叶片图像的植物识别研究中。

5.1　监督正交最大差异投影算法

5.1.1　局部散度和类间散度

监督正交最大差异投影算法的准则是：在保证子流形的局域不变的前提下，将不同类数据投影得更分散，即在不破坏投影后子流形拓扑结构的前提下，能够从中提取最适合数据识别的特征。为此构造 2 个目标函数：局部散度和类间散度。

设 n 个有标签样本向量（若观察样本不是向量表示，则要转换成向量）$X = [X_1, X_2, \cdots, X_n]$，$C_i$ 为 X_i 的类别标签值，X_i 的投影为 Y_i，$Y_i = A^T X_i$，A 为映射矩阵。在实际应用中，欧氏距离或高斯函数能够反映数据的局部关系，即输入数据点之间的局部结构可用处于最近邻关系的数据点

间的欧氏距离或高斯函数来表示。由此定义局部散度为

$$J_L = \sum_{i,j}^{n} W_{ij} \| Y_i - Y_j \|^2 \qquad (5\text{-}1)$$

式中，W_{ij} 为权值，定义为

$$W_{ij} = \begin{cases} \exp(-\dfrac{\|X_i - X_j\|^2}{\beta^2}), & 若\ X_i \in N(X_j)\ 或\ X_j \in N(X_i) \\ 0, & 其他 \end{cases} \qquad (5\text{-}2)$$

式中，$N(X_i)$ 为 X_i 的 k - 最近邻集，β 为调节参数，可由交叉验证法取得。

当 2 个样本点之间的欧氏距离较大时，就认为这 2 个样本可能是不同类别的；相反，当 2 个样本点之间的欧氏距离较小时，就认为这 2 个样本可能属于同一类别。因此，可利用投影后不同类样本点之间距离的平方和作为衡量投影后数据类别间差异的指标。为此定义类间散度为

$$J_D = \sum_{i,j}^{n} H_{ij} \| Y_i - Y_j \|^2 \qquad (5\text{-}3)$$

式中，H_{ij} 为权值，定义为

$$H_{ij} = \begin{cases} 1, & 若\ C_i \neq C_j \\ 0, & 其他 \end{cases} \qquad (5\text{-}4)$$

式（5-1）和（5-3）可以分别化简为：

$$\frac{1}{2} J_L(A) = \frac{1}{2} \sum_{i=1}^{n} \sum_{j=1}^{n} H_{ij} (Y_i - Y_j)^2$$

$$= \frac{1}{2} \sum_{i=1}^{n} \sum_{j=1}^{n} H_{ij} (A^T X_i - A^T X_j)^2$$

$$= tr(A^T X(L - H) X^T A) \qquad (5\text{-}5)$$

$$\frac{1}{2} J_D(A) = \frac{1}{2} \sum_{i=1}^{n} \sum_{j=1}^{n} W_{ij} (Y_i - Y_j)^2$$

$$= \frac{1}{2} \sum_{i=1}^{n} \sum_{j=1}^{n} W_{ij} (A^T X_i - A^T X_j)^2$$

$$= tr(A^T X(D - W) X^T A) \qquad (5\text{-}6)$$

式中，$H = \{H_{ij}\}$，$W = \{W_{ij}\}$，L 和 D 为 2 个对角化矩阵，且 $L_{ii} = \sum_j H_{ij}$，

$D_{ii} = \sum_j W_{ij}$。

最大化式（5-3），即 $\max\{J_D(A)\}$ 可以使投影后的不同类数据点之间更分散。为了保证投影前后数据的局域不变，使 $tr(X(L-H)X^T) = tr(A^T X(L-H)X^T A)$。

为了同时实现上面的 2 个目标，构造如下目标函数：

$$\begin{cases} \max(J_D) = tr\{A^T X(D-H)X^T A\} \\ s.t.\ tr(A^T X(L-W)X^T A) = tr(X(L-W)X^T) \end{cases} \tag{5-7}$$

通过拉普拉斯乘法来求解式（5-7），得

$$\max(J_D - \lambda tr(A^T X(L-W)X^T A - X(L-W)X^T)) \tag{5-8}$$

对式（5-8）求导，并令其等于零，得

$$X(D-H)X^T A = \lambda X(L-W)X^T A \tag{5-9}$$

假设数据的约简维数为 d，则映射矩阵 A 可由式（5-9）的 d 个最大特征值对应的特征向量组成，即由广义特征对 $\{X(D-H)X^T,\ X(L-W)X^T\}$ 的 d 个最大广义特征向量 a_1，a_2，$\cdots$，a_d。

正交化 A 可以减少投影后数据的自由度和降低噪声。利用 Gram-Schmidt 正交化过程对 a_1，a_2，$\cdots$，a_d 开展正交化。令 $p_1 = a_1$，假设前 $k-1$ 个正交基向量 p_1，p_2，$\cdots$，p_{k-1} 已得到，则由式（5-10）得第 k 个 p_k。

$$p_k = a_k - \sum_{i=1}^{k-1} \frac{p_i^T a_k}{p_i^T p_i} p_i \tag{5-10}$$

从而可以得到正交线性投影矩阵 $P = [p_1,\ p_2,\ \cdots,\ p_d]$。

这样，任一数据点 X_{new} 对应的低维投影可以通过线性变换得到

$$Y_{new} = P^T X_{new} \tag{5-11}$$

式中，$P \in R^{n \times d}$，$X_{new} \in R^D$，$Y_{new} \in R^d$，$d \ll D$，D 为原始数据的维数，d 为约简后的维数。

5.1.2　监督正交 MVU 算法的叶片图像识别步骤

根据上面的分析，下面给出基于监督正交 MVU 算法的叶片图像识别

步骤：

（1）按照最近邻准则，构建最近邻图。连接任意点 X_i 与其所有的 k 个最近邻点，由此得到一个包含所有样本点的最近邻图 G；

（2）建立优化问题。由式（5-5）和式（5-6）计算局部散度和类间散度矩阵，构造式（5-7）的目标函数；

（3）求解式（5-7）的目标函数，得 d 个最大广义特征向量 a_1，a_2，$\cdots$，a_d；

（4）利用 Gram-Schmidt 方法对 a_1，a_2，$\cdots$，a_d 开展正交化，得正交线性映射矩阵；

（5）根据式（5-11）求得数据的低维映射；

（6）利用合适的分类器开展叶片图像的识别研究。

5.2 实验结果与分析

5.2.1 叶片图像预处理

在开展植物叶片图像识别之前，需要对叶片图像开展一系列预处理（纪寿文等，2002；杜吉祥，2005；王晓峰等，2006；Wang et al.，2008）。一般而言，叶片图像的预处理包括去除叶柄和图像矫正，以及灰度化。由于叶柄对叶片识别率的贡献不大且非常难放在同一位置，因此我们去除叶柄。叶片图像经过膨胀和腐蚀的开运算和闭运算后，得到无叶柄且比较完整的叶片图像。

一般植物叶片图像具有非常好的对称性，利用其对称性特点，计算叶片图像模板的惯性主轴，获取叶柄根部和叶片的交点并以交点为中心，对图像开展旋转变化，就可摆正叶片图像的位置，实现叶片图像的准确定位。假设叶片图像上共包含 m 个像素点，则惯性矩定义为

$$m_\vartheta = \sum_{i=1}^{m} \sum_{j=1}^{m} (x_i \sin\vartheta - y_j \cos\vartheta)^2 \qquad (5-12)$$

令惯性矩最小，就可得旋转轴角度（见图 5-1）。

$$\vartheta_0 = -\frac{\pi}{2} - \frac{1}{2}\mathrm{arctg}\frac{2\sum_{i=1}^{m}\sum_{j=1}^{m}x_i y_j}{\sum_{i=1}^{m}x_i^2 - \sum_{i=1}^{m}y_i^2} \tag{5-13}$$

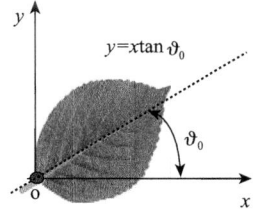

图 5-1　叶片的旋转轴角度

得到叶片图像的惯性主轴与 x 轴正向的夹角后，对叶片图像加以旋转就可获得摆正后的叶片图像。如图 5-2 所示，这是络石植物的 10 幅叶片图像的分割、矫正及灰度化后的结果。

图 5-2　10 幅络石叶片图像的预处理结果

利用 2 个植物叶片图像的数据集开展实验，来验证基于叶片图像和监督正交 MVU（SOMVU）算法的植物识别方法的有效性。实验所用的 K 最近邻分类器为 MATLAB 7.0 中的函数 knnclassify。

5.2.2　实验结果

5.2.2.1　瑞典植物叶片数据集上的实验结果

利用瑞典植物叶片数据集（Söderkvist，2001）的 15 类叶片图像（每类 75 幅）开展识别实验。将预处理后的每幅图像归一化为 64×64 像素大小的灰度图，背景为白色，然后将每幅二维图像转换成 4096 维的一维向量表示。

在实验中，从预处理后的每类植物叶片中任意选择 30 张叶片图像组成训练集，剩余的组成测试集。同时与较新的植物叶片识别方法邻域粗糙集（Neighborhood Rough Set，NRS）（Liu，2012）和支持向量机（Support Vector Machine，SVM）（ArunPriya et al.，2012），以及流形学习算法 LPP（He et al.，2005）、MVP（Zhang et al.，2007）、MVU（Weinberger et al.，2006）进行比较。在应用 LPP、MVP、MVU 和本章介绍的 SOMVU 算法时，第一步都需要建立最近邻图，采用最近邻标准来确定最近邻点，并建立 K 最近邻关系，这里假设最近邻数 K 被设置为 $(l-1)$，其中 l 是训练样本的类别数。参数 β 由实验结果的最大值决定。当样本数较少时，算法 LPP、MVP、MVU 和改进 MVU 在开展广义特征值分解时可能会出现小样本问题。为了避免这个问题，先采用主分量分析（PCA）对数据开展预降维操作并保留 98% 的能量；然后分别采用 LPP、MVP、MVU 和 SOMVU 开展维数约简和提取相应的低维识别特征，最后采用 1-最近邻分类器开展 50 次识别实验，记录每次实验的识别率的最大值，得到 50 次重复实验的最大平均识别率（见表 5-1）。

表 5-1　采用 NRS、SVM、LPP、MVP、MVU 和 SOMVU 的实验结果

方法	NRS	SVM	LPP	MVP	MVU	SOMVU
识别率（%）	85.63	86.35	83.28	91.48	90.15	95.74

5.2.2.2　ICL 植物叶片数据集上的实验结果

从 ICL 植物叶片数据集中选择 20 类叶片图像（每类 15 幅）开展识别实验（见图 5-3）。图像大小为 128×128 像素。叶片的预处理过程和识别过程与上面的实验过程相同。

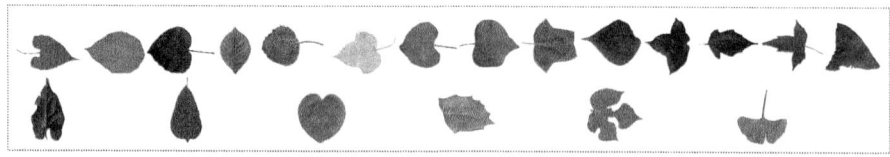

图 5-3　20 类植物叶片

采用 5 折交叉验证法开展识别实验。实验结果见表 5-2。

表 5-2　采用 NRS、SVM、LPP、MVP、MVU 和 SOMVU 的实验结果

方法	NRS	SVM	LPP	MVP	MVU	SOMVU
识别率（%）	87.46	89.20	90.14	93.69	91.37	98.73

从表 5-1 和表 5-2 中可以看出，本章所介绍的 SOMVU 算法的识别率最高，其原因是该算法利用了叶片图像的先验知识，即类别信息和流形假设，同时保持了样本集的局部结构。由此说明保持样本的局部结构和数据的类别信息对识别算法性能的提升有着重要作用。

对 64×64 和 128×128 像素大小的灰度叶片图像的识别时间分别为 16s 和 19s，像素越大，所用识别时间越长，不过在实际应用中这是可以接受的。

5.2.3　实验结果分析

有两个问题值得我们继续研究：

（1）在上面基于流形学习的叶片图像识别实验中，对 SOMVU、LPP、MVP 和 MVU 算法都采用 PCA 方法对原始叶片图像进行预降维处理后，虽然消除了降维过程中的小样本问题，但也可能会失去一些有用信息。因此，下一步的工作是研究有效的直接维数约简算法。

（2）由于实际得到的图像大小是多样的，因此我们还需要利用像素大小不等的图像开展识别实验。本章介绍的方法要求图像大小相同，由于采用了最简单的补零法将每幅图像转化为大小一致的图像，故识别效果非常差。如何对与原始图像大小不同的图像进行更有效的预处理操作，是进一步研究的重点。

5.3　小结

对植物的识别研究是非常必要的。由于叶片图像具有复杂性，已有的植物识别方法和技术已不能满足当前植物物种自动识别系统的需要。本章

基于 MVU 和 MVP 提出了一项监督正交的 MVU 算法，并应用于植物叶片的识别工作中。利用该方法能够将异类样本映射得更分散，同时保持同类样本的原始低维流形结构不变。在瑞典植物叶片图像数据集和笔者实验室采集到的数据集上分别开展了识别实验，实验结果表明该方法是有效可行的。下一个问题是在高维数据预处理的前提下，研究如何保持较少的有用信息，以解决小样本问题，同时提高识别算法的运行速度。

参考文献

［1］ARUN P C, BALASARAVANAN T. An efficient leaf recognition algorithm for plant classification using support vector machine ［C］//Proceedings of the International Conference on Pattern Recognition. Mexico：Informatics and Medical Engineering，2012.

［2］DU J X, ZHAI C M. Plant species recognition based on radial basis probabilistic neural networks ensemble classifier ［C］.［S. l.］：Lecture Notes in Artificial Intelligence，2010.

［3］HE X, YAN S, HU Y, et al. Face recognition using laplacianfaces ［J］. IEEE Trans. Pattern Analysis and Machine Intelligence，2005，27（3）：328-340.

［4］LIU J M. A new plant leaf classification method based on neighborhood rough set ［J］. Advances in Information Sciences and Service Sciences（AISS），2012，（41）：116-124.

［5］MOKHTARIAN F, ABBASI S. Matching shapes with self-intersection：application to leaf classification ［J］. IEEE Transactions on Image Processing，2004，13（5）：653-661.

［6］ROWEIS S T, SAUL L K. Nonlinear dimensionality reduction by locally linear embedding ［J］. Science，2000，290（5500）：2323-2326.

［7］SÖDERKVIST O. Computer vision classification of leaves from

Swedish trees ［D］. Linköping：Linköping University. 2001.

［8］TENENBAUM J B，De S V，Langford J C. A global geometric frame-work for nonlinear dimensionality reduction ［J］. Science ，2000，290（5500）：2319-2323.

［9］ZHANG T H ，YANG J，WANG H H ，et al. Maximum variance pro-jections for face recognition ［J］. Optical Engineering，2007，46（6）：1-4.

［10］WANG X F，HUANG D S，DU J X，et al. Classification of plant leaf images with complicated background ［J］. Applied Mathematics and Compu-tation，2008，205：916-926.

［11］WANG Z，CHI Z，FENG D，et al. Leaf image retrieval with shape features ［J］. Lecture Notes in Computer Science，2000，1929：477-487.

［12］WANG Z，CHI Z，FENG D. Shape based Leaf Image Retrieval ［J］. IEEE Transactions on Image Signal Process，2003，150（1）：34-43.

［13］WEINBERGER K Q，SAUL L K. An introduction to nonlinear dimen-sionality reduction by maximum variance unfolding ［J］. American Association for Artificial Intelligence，2006：1-4.

［14］杜吉祥. 植物物种机器识别技术的研究 ［D］. 安徽：中国科学技术大学，2005.

［15］纪寿文，王荣本，陈佳娟，等. 应用计算机图像处理技术识别玉米苗期田间杂草的研究 ［J］. 农业工程学报，2002，18（4）：150-154.

［16］李波. 基于流形学习的特征提取方法及其应用研究 ［D］. 安徽：中国科学技术大学，2008.

［17］王晓峰，黄德双，杜吉祥，等. 叶片图像特征提取与识别技术的研究 ［J］. 计算机工程与应用，2006，42（3）：190-193.

［18］徐贵力，毛罕平，李萍萍. 缺素叶片彩色图像颜色特征提取的研究 ［J］. 农业工程学报，2002，4（3）：150-153.

［19］张宁，刘文萍. 基于图像分析的植物叶片识别技术综述 ［J］. 计算机应用研究，2011，28（11）：68-71.

［20］张善文，巨春芬．正交全局-局部判别映射应用于植物叶片分类 [J]．农业工程学报，2010，26（10）：162-165.

［21］张善文，张传雷，王旭启，等．基于叶片图像和监督正交最大差异伸展的植物识别方法 [J]．林业科学，2013.

［22］张善文，张传雷，程雷．基于监督正交局部保持映射的植物叶片图像分类方法 [J]．农业工程学报，2013（3）.

［23］王晓峰．水平集方法及其在图像分割中的应用研究 [D]．安徽：中国科学技术大学，2009.

［24］王献锋，王旭启，张传雷．基于判别映射分析的植物叶片分类方法 [J]．江苏农业科学，2013.

［25］张善文，张传雷．基于局部判别映射算法的玉米病害识别方法 [J]．农业工程学报，2014.

第6章 采用局部判别映射算法的玉米病害识别方法研究

如何准确、实时地获得植物病害信息，是农业生产和科学研究普遍关心的一个问题。根据植物叶片症状准确、快速地诊断植物病害种类是植物病害控制和灾害管理的基础。由于叶片形状之间的差异非常大，使得很多经典的模式识别方法不能有效地应用于植物病害检测工作。本书提出了一项新的植物病害识别方法——基于局部判别映射（LDP）的方法。该方法通过把高维空间的多类数据点映射到低维空间，可以使类中的数据点更加紧凑，类间数据点之间的距离更大，得到了最佳分类特征。

基于局部判别映射的方法利用类作用力构造目标函数，不需要计算逆矩阵，从而自然地避免了像经典线性判别分析方法中出现的小样本问题，而且提高了维数约简的速度。本章采用该算法对5种常见玉米叶部病害的图像开展分类实验，并与其他植物病害识别和监督流形学习算法进行比较。研究表明，准确判断植物病害是植物病害防治的前提条件，植物叶片的种类及其相关特征是判断植物病害类型及其危害程度的重要依据。

植物病害叶片的形状具有多样性，原因是：（1）目前植物病害的种类有上千种，而且有非常多种病害和外来生物还未被人类发现和认识；（2）随着我国优质农作物新品种和多元化种植的推广，为更多种植物病害的发生创造了适宜的条件（如大棚种植等），导致了植物病害的发生呈明显上升趋势；（3）植物病害的多样性导致病害叶片的症状多种多样，且同一株植物的叶片病害可能会出现不同的症状，特别是病害叶片的症状在不同的病害时期还会不断变化。所有这些情况都给利用叶片症状来检测和防治植物病害的研究带来了非常多的难题，同时也对基于叶片的植物病害检测方法与研究提出了挑战。传统植物病害检测基本上是依靠农业生产者和植物保护专家的视觉来评估和判断，这种做法有许多的缺点，比如主观性较强、速度较缓慢和误判率高等，难以满足实时监控系统的需要。

局部判别嵌入（LDE）（Chen et al.，2005）和判别邻域嵌入（DNE）（Zhang et al.，2006）算法利用数据的类别信息构建目标函数，有效提高了数据分类的效果。然而，就像许多监督流形学习的算法一样，LDE 和 DNE 需要确定两个样本在分配邻图权重的过程中是否属于同一类型的样本，这影响了算法的运行效果。本章基于局部判别映射算法，在 DNE 和 Warshall 算法（Yu et al.，2006）中，提出了基于局部判别映射算法，该算法可以保持数据的局部类别结构，并确定了算法的物理意义和运行方式。

根据目前的情况，有学者发现以植物病害程度和视觉评估为主的方法，存在主观随机缺陷，于是根据计算机图像处理技术开发了一项新的疾病分类方法（陈占良等，2008）。有学者提出了一项基于图像处理的小麦疾病诊断算法（陈兵旗等，2009）。有学者研究了玉米叶片病害程度的计算方法，综合利用了阈值法、区域标记法，通过图像分割、病斑统计、冗余去除和形状特征的计算过程验证了上述方法的可行性（马晓丹等，2009）。可以利用计算机数字图像处理和人工神经网络等技术计算叶片的颜色值，通过多层 BP 神经网络，可以实现对大豆叶片病斑的自动识别，识别正确率高达 92.1%，该方法为植物病害的鉴定提供了理论依据（谭峰等，2009）。

由于影响植物病斑形成的因素非常多，各种病害在不同的发病时期又可能呈现出不同的症状（柴阿丽等，2010）。一些学者和研究人员对疾病的图像预处理方法开展了深入研究，取得了许多成果（Ydipati et al.，2005；王双喜等，2007；岑喆鑫等，2007；邵乔林等，2011；王静等，2011）。在基于叶片的植物病害鉴定过程中，叶片图像的维数减少是一个关键步骤。由于叶片图像是高度复杂的非线性数据，许多经典的统计特征提取和线性尺寸约简算法等方法不能有效提取叶片图像的分类特征。近年来，很多流形学习方法已经成功应用到模式识别领域中。虽然 LPP 算法能够得到一个映射矩阵（He et al.，2005；Liu et al.，2011），将任意的高维样本数据映射到低维子空间；但 LPP 是非监督流形学习算法，因为它没有利用数据的类别信息。

非线性方法如相空间重构、小波变换与人工神经网络等，被广泛应用于植物病虫害检测工作中（Camargo et al.，2009；蔡清等，2010；虎晓红等，2012），并获得了较好的识别效果。传统检疫小麦的黑穗病防治方法效率低下，影响了疾病检测的客观性和稳定性，基于图像识别的黑穗病分类诊断技术得以发展（邓继忠等，2012）。计算机视觉技术能够客观、及时和准确地识别和诊断植物病害，预防病害的发生和精准施用农药（Camargo et al.，2009；Rumpf et al.，2010；赖军臣，2010；Hiary et al.，2011）。

随着计算机软硬件技术的飞速发展，在采用计算机和图像处理技术的植物病害检测、预测研究工作中，越来越多地出现了植物叶片病害检测方法和数学模型、植物病害咨询和管理系统等（Camargo et al.，2009；赖军臣，2010；张恒等，2012；赵芸等，2013）。

6.1 局部判别映射算法

局部判别保护映射算法在图像特征提取技术中得到了应用，但效果仍有待改进，这是因为算法本身的问题。图像特征提取在模式识别领域一直难以广泛应用，因为光照和其他因素的影响使得图像的特征较难提取。对于人脸识别的问题，光照、姿态和表情的变化会在很大程度上影响面部图像的特征提取，此问题一直是模式识别和图像处理领域的研究难点，尽管有多种类型基于学习的方法对图像特征提取的人脸识别实验取得了良好效果，但未来仍需要进一步提高算法的性能。

6.1.1 样本集的类别作用力矩阵

通过叶片症状鉴定植物病种的基本思路是将有相同特征的病叶视为同

一类型。为此，提出一项将原始数据映射到低维空间的映射算法，以使相同类型的样本具有更大的聚类和异构样本具有可分离性。

定义：一项惩罚约束被添加到空间尺寸约简算法的目标函数中，该算法将使有类似疾病的叶片相互间产生吸引力，而有不同疾病的叶片之间则产生排斥力。叶片样本的这种吸引力和排斥力是叶病样本的类作用力。

属性：在模式识别中，对有类别标记的样本 x_1、x_2 和 x_3，如果 x_1 与 x_2 属于同一类，且 x_2 与 x_3 属于同一类，则 x_1 与 x_3 也属于同一类。

利用该属性可以获得样本集的类动作矩阵，而 Warshall 算法非常容易得到这个矩阵。

在此基础上，本书提出了一种局部判别映射算法，该算法详细描述如下：

给定 n 个 D 维样本的数据集 $\{x_1, x_2, \cdots, x_n\} \in R^{n \times D}$，$c_i$ 为 x_i 的类别标签。为了使相似数据点间的低维子空间减小，而不相似数据点之间的距离变大，我们定义 L 的力矩阵的范畴的数据集，其元素 l_{ij} 为

$$l_{ij} = \begin{cases} 1, & \text{若 } c_i = c_j,\ x_i \neq x_j \\ -1, & \text{若 } c_i \neq c_j \\ 0, & x_i = x_j \end{cases} \qquad (6\text{-}1)$$

式中，l_{ij} 可解释为：在维数约简过程中，当 x_i 与 x_j 属于同一类（即 $c_i = c_j$）时，$l_{ij} = 1$ 表示 x_i 与 x_j 之间产生吸引力，使得它们之间的距离变小；相反，$l_{ij} = -1$ 表示 x_i 与 x_j 产生排斥力，使得它们之间的距离变大；为了克服样本存在重叠的现象，取 $l_{ij} = 0$（即 $x_i = x_j$）。

6.1.2 局部判别映射算法步骤

以往的 LPP 是一项无监督的多重学习算法，对数据分类信息没有进行有效利用。在 LPP 的基础上，有学者提出了有监督的 LPP 算法（SLPP）（申中华等，2008）。由于该算法要构造两个邻域图，会降低算法的运行效果。在 LPP 算法和 SLPP 算法的基础上，本章提出了 LDP 算法，该算法可以降低疾病叶片图像特征的维数。利用 Warshall 算法，可以非常容易地从已知样本的类别中获取其他样本的类别，该算法的伪代码叙述如下：

Input $l_{ij}^{(0)}$

For $i \leftarrow 1$ to n do

　　For $j \leftarrow 1$ to n do

　　　　For $k \leftarrow 1$ to n do

　　　　$l_{jk}^{(i)} \leftarrow l_{jk}^{(i-1)}$ and $l_{ji}^{(i-1)} \leftarrow l_{ik}^{(i-1)}$

Output $l_{ij}^{(n)}$.

（1）构建一个加权近邻关系图 $G = (V,\ H)$ ，x_i 与 x_j 之间的权值表示为

$$W_{ij} = \begin{cases} \exp\left(-\dfrac{\|x_i - x_j\|^2}{\beta}\right), & \text{若 } x_i \in N(x_j) \text{ 或 } x_j \in N(x_i) \\ 0, & \text{其他} \end{cases} \tag{6-2}$$

（2）$N(x_i)$ 是点 x_i 的 k 个最近邻点集；β 是控制参数，能解决因 x_i 与 x_j 之间距离过大而致使权值太小的问题。由 l_{ij} 和 W_{ij} 构建散度矩阵 S：

$$S = \sum_i \sum_j l_{ij} \cdot W_{ij} \|y_i - y_j\|^2 = \sum_{i=1}^n \sum_{j=1}^n H_{ij}(A^T x_i - A^T x_j)^2$$

$$= 2\sum_{i=1}^n \sum_{j=1}^n H_{ij}(x_i^T A A^T x_i - x_i^T A A^T x_j) = 2\sum_{i=1}^n \sum_{j=1}^n tr[H_{ij}(A^T x_i x_i^T A - A^T x_j x_i^T A)]$$

$$= 2tr(A^T X D X^T A) - tr(A^T X H X^T A) = 2tr(A^T X F X^T A) \tag{6-3}$$

其中：$X = [x_1,\ x_2,\ \cdots,\ x_n]$，$y_i = A^T x_i$，$A$ 为映射矩阵；$H_{ij} = l_{ij} \cdot W_{ij}$，$F = D - H$，$D$ 为对角矩阵，$D = \sum_j H_{ij}$；$tr(.)$ 表示矩阵的迹。

（3）最佳映射矩阵 A 可由下面的最优化问题得到：

$$\arg \max_A tr(A^T X F X^T A) \tag{6-4}$$

（4）把式（6-4）对应的优化问题转化为对称矩阵 XFX^T 的特征值分解问题。设列向量 $a_0,\ a_1,\ \cdots,\ a_{d-1}$ 为 XFX^T 的 d 个最大特征值 $\lambda_0,\ \lambda_1,\ \cdots,\ \lambda_{d-1}$（$\lambda_0 \geqslant \lambda_1 \geqslant \cdots \geqslant \lambda_{d-1}$）对应的特征向量，则 $A = [a_0,\ a_1,\ \cdots,\ a_{d-1}] \in R^{n \times d}$，$d \ll D$。

（5）任一新的样本点 $x_{new} \in R^D$ 的低维映射 $y_{new} \in R^d$，可由下式得到：

$$y_{new} = A^T x_{new} \tag{6-5}$$

本章介绍的算法兼顾了 LDE 和 DNE 算法的特点，利用样本类别来构造

邻域图的权重，并且不需要确定两个样本是否属于同一类别，节省了运行时间，明确了算法的物理意义，因此该算法适用于非线性数据的降维操作。

6.2 实验结果与分析

6.2.1 实验简述

笔者建立了植物病害叶片图像的数据集，从中选择了玉米叶斑病、细菌芽孢叶斑病、灰斑病、褐斑病和小斑病的 5 种叶片图像（每种类型 20 幅），利用本章提出的 LDP 算法进行实验，并把效果和流形学习算法 LDE（Chen et al.，2005）和 DNE（Zhang et al.，2006），以及 Bayesian（赵玉霞等，2007）、PCA+PNN（李波等，2009）和 ANN（谭峰等，2009）的植物病害识别方法进行了比较。

叶片图像在自然光照条件下采集得到，使用了佳能数码相机 Canon PC1038 的自动曝光模式，收集了植株活体病斑的现场照片，再使用图像处理软件 PHOTOSHOP6.0 来降低病斑图像的噪声，去除其背景。在实验过程中，使用的图像处理软件是 MATLAB7.0，加工设备为 PC，基本配置为硬盘 80G、内存 256M，以及 CPU 为 P41.8G。

如图 6-1 所示，这是 5 类玉米病害叶片的样本图像，初始尺寸为 1600×1200 像素。为了便于研究和提高处理速度，叶片图像均进行了调整，尺寸为 64×128 像素，见图 6-2。

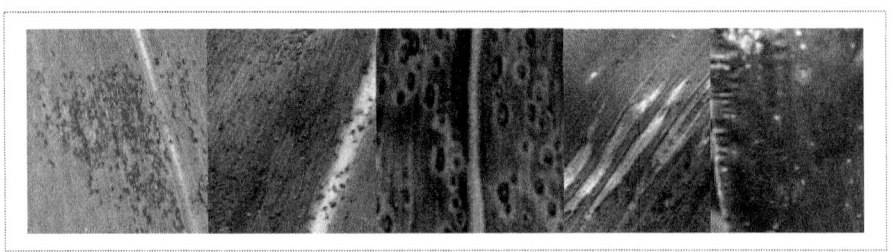

图 6-1 5 类玉米病害叶片的样本图像

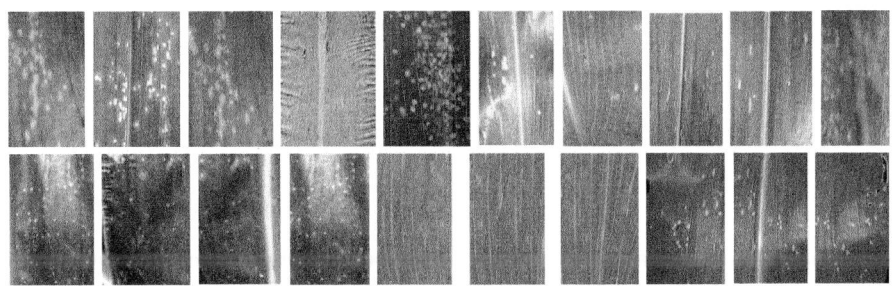

图 6-2　玉米病害叶片的 20 幅样本图像

对分割后的每幅图像进行矫正和灰度化，并利用 MATLAB 中的函数 reshape 将二维图像转换成一个向量。将观察数据集随机划分为训练集和测试集，确定算法中的参数。LDP 算法涉及最近邻数 k、控制参数 β 和降维维数 d。在实验中选择实验结果最大值所对应的参数值。由于参数 β 足够大时对实验结果的影响并不大，故在下面的实验中取 $\beta = 200$。对于每种玉米病害的叶片，随机选择 8 幅、12 幅和 15 幅图像作为训练集，其余的作为测试集。

在 LDE、DNE 和 LDP 算法中，利用训练集得到映射矩阵，再利用测试集得到算法的识别率。由 LDE、DNE 和 LDP 对图像开展维数约简，然后利用 K 最近邻分类器（$K = 1$）对病害叶片进行识别。Bayesian、PCA+PNN 和 ANN 的植物病害识别方法，都是先提取病害叶片的分类特征，再利用神经网络和贝叶斯分类器对病害叶片加以识别。

在校正后的每一幅分割图像中，利用 MATLAB 函数对二维图像开展重构，并将其转化为矢量。

6.2.2　实验结果

每个算法重复实验 50 次，记录每次实验的最高识别率，并计算 50 个最高识别率的平均值，实验结果见表 6-1。

表 6-1　玉米病害叶片的实验结果

方法	识别率和方差（%）		
	8 幅	12 幅	15 幅
LDE	81.14±1.63	85.37±1.40	88.25±1.71
DNE	82.91±1.45	90.43±1.68	91.68±1.73
Bayesian	78.33±1.65	83.38±1.47	89.16±1.75
PCA+PNN	81.37±1.54	81.40±1.45	89.17±1.65
ANN	80.47±1.34	82.11±1.40	85.96±1.88
LDP	90.23±1.76	92.56±1.69	94.40±1.39

由表 6-1 可以看出，本书方法的识别率是最高的，而且随着训练集样本数量的增加，所有算法的识别率都在增加。出现这种现象的原因在于，训练样本的数量越多，识别特征就越稳定。

6.2.3　结果分析

根据实验结果，可以得出如下结论：（1）DNE 和 LDP 算法对疾病的平均识别时间分别为 19s 和 13s，而其他算法的平均识别时间都大于 20s；（2）LDE、DNE 和 LDP 算法的识别性能都随着特征子空间维数的增加而得以提高，即识别率随着特征维数的增加而增加，但当降维维数达到一定值后，识别率会出现微小的下降或小幅的波动。

LDP 算法继承了 LDE 算法和 DNE 算法的优点。LDE 算法需要设计出两个最近邻域图，并且需要 PCA 算法预降维度来克服小样本问题。当奇异值分解时，DNE 算法和 LDP 算法不需要计算逆矩阵，因此避免了小样本问题。LDP 的识别速度和识别率之所以高于 DNE，主要是不必判断两个样本是否属于同一类，并且还引入了高斯函数。由于 LDP 算法引入了类别作用力，使得 LDP 算法的物理意义比较明确，所使用的程序代码更简单直观。

6.3　小结

利用叶片症状识别植物病害具有重要的实际意义。本章基于 DNE 算法和 Warshall 算法，提出了一项局部判别映射算法，并应用于植物病害的鉴定工作中。本章的方法可以有效减少图像的维数，在低维子空间中找出相似的样本，使异类样本之间的距离增大，从而提高了算法的分类能力。实验结果表明，该方法是有效且可行的。

参考文献

［1］CAMARGO A，SMITH J S. An image－processing based algorithm to automatically identify plant disease visual symptoms［J］. Biosystems Engineering，2009，102（1）：9-21.

［2］蔡清，何东健. 基于图像分析的蔬菜食叶害虫识别技术［J］. 计算机应用，2010，30（7）：1870-1872.

［3］岑喆鑫，李宝聚，石延霞，等. 基于彩色图像颜色统计特征的黄瓜炭疽病和褐斑病的识别研究［J］. 园艺学报，2007，34（6）：1425-1430.

［4］柴阿丽，李宝聚，石延霞，等. 基于计算机视觉技术的番茄叶部病害识别［J］. 园艺学报，2010，37（9）：1423-1430.

［5］陈兵旗，郭学梅，李晓华. 基于图像处理的小麦病害诊断算法［J］. 农业机械学报，2009，40（12）：190-195.

［6］陈占良，张长利，沈维政，等. 基于图像处理的叶斑病分级方法的研究［J］. 农机化研究，2008，11：73-75.

［7］CHEN H T，CHANG H W，LIU T L. Local discriminant embedding and its variants［C］// Anon. Proceedings of International Conference on Computer Vision and Pattern Recognition. ［S. l. : s. n. ］，2005（2）：846-853.

［8］邓继忠，李敏，袁之报，等. 基于图像识别的小麦腥黑穗病害诊断技术研究［J］. 东北农业大学学报，2012，43（5）：74-77.

［9］HE X，YAN S，HU Y，et al. Face recognition using Laplacian faces，IEEE Trans［C］. ［S. l. ］：Pattern Anal. Mach. Intell，2005，27（3）：328-340.

［10］HIARY H A, AHMAD S B, REYALAT M, et al. Fast and accurate detection and classification of plant diseases ［J］. International Journal of Computer Applications, 2011, 17 (3): 31-38.

［11］虎晓红, 李炳军, 席磊. 基于多示例图的小麦叶部病害分割方法 ［J］. 农业工程学报, 2012, 28 (13): 154-158.

［12］赖军臣. 基于病症图像的玉米病害智能诊断研究 ［D］. 石河子: 石河子大学, 2010.

［13］李波, 刘占宇, 黄敬峰, 等. 基于 PCA 和 PNN 的水稻病虫害高光谱识别 ［J］. 农业工程学报, 2009, 25 (9): 143-147.

［14］LIU G S, YANG M Z. Discriminative locality preserving dimensionality reduction based on must-link constraints ［C］//Anon. International Conference on Electronic & Mechanical Engineering and Information Technology. ［S. l.: s. n.］, 2011: 3413-3417.

［15］马晓丹, 关海鸥, 黄燕. 基于图像处理的玉米叶部染病程度的研究 ［J］. 农机化研究, 2009, 11: 102-104.

［16］RUMPFT, MAHLEIN A K, Steiner U, et al. Early detection and classification of plant diseases with Support Vector Machines based on hyperspectral reflectance ［J］. Computers and Electronics in Agriculture, 2010, 74 (1): 91-99.

［17］邵乔林, 安秋. 基于邻域直方图的玉米田绿色植物图像分割方法 ［J］. 江西农业学报, 2011, 23 (5): 126-128.

［18］谭峰, 马晓丹. 基于叶片的植物病虫害识别方法 ［J］. 农机化研究, 2009, 6: 41-43.

［19］王双喜, 董晓志, 王旭. 温室植物病害数字化处理中图像增强方法的研究 ［J］. 内蒙古农业大学学报, 2007, 28 (3): 15-18.

［20］王静, 张云伟. 一项烟叶病害的图像增强处理方法 ［J］. 中国农学通报, 2011, 27 (6): 469-472.

［21］YDIPATI R P, BURKS T F, LEE W S. Statistical and neural

network classifiers for citrus disease detection using machine vision [J]. Transactions of the ASAE, 2005, 48 (5): 2007-2014.

［22］YU W W, TENG X L, LIU C Q. Face recognition using Discriminant Locality Preserving Projections [J]. Image and Vision Computing, 2006, 24: 239-248.

［23］张恒, 陈丽娟, 张岩. 模糊植物病虫害图像的检测 [J]. 计算机仿真, 2012, 29 (1): 199-120.

［24］赵芸. 基于高光谱和图像处理技术的油菜病虫害早期监测方法和机理研究 [D]. 杭州: 浙江大学, 2013.

［25］赵玉霞, 王克如, 白中英, 等. 贝叶斯方法在玉米叶部病害图像识别中的应用 [J]. 计算机工程与应用, 2007, 43 (5): 193-195.

［26］张善文, 张传雷. 基于局部判别映射算法的玉米病害识别方法 [J]. 农业工程学报, 2014.

［27］师韵, 黄文准, 张善文. 基于二维子空间的苹果病害识别方法 [J]. 计算机工程与应用, 2016.

［28］尚怡君, 张善文, 张云龙. 基于植物叶片图像的植物病害检测方法 [J]. 江苏农业科学, 2014.

［29］李超, 彭进业, 张善文. 基于特征融合与局部判别映射的苹果叶部病害识别方法 [J]. 广东农业科学, 2016.

［30］屈赟, 吴玉洁, 刘盼. 计算机视觉技术在农作物病虫草害防治中的研究进展 [J]. 安徽农业科学, 2011.

［31］包兴. 有监督邻域保持嵌入算法研究及其应用 [D]. 苏州: 苏州大学, 2015.

［32］申中华, 潘永惠, 王士同. 有监督的局部保留投影降维算法 [J]. 模式识别与人工智能, 2008, 21 (2): 233-232.

第7章　监督正交局部保持映射的植物叶片分类方法研究

　　针对以往的线性分类方法不能有效处理复杂、多变和非线性的植物叶片图像的问题，在局部保持映射算法的基础上，本章提出了一项监督正交局部保持映射的算法，并应用于植物叶片图像的分类研究中。首先，此算法利用 Warshall 算法计算样本的类别矩阵，在此基础上充分利用样本的局部信息和类别信息来构造类间散度矩阵和类内散度矩阵。其次，在维数减少时，低维子空间中相似样本之间的距离减小，不同样本之间的距离增大，从而提高了算法的分类能力。最后，利用 K 最近邻分类器对植物进行分类。与以往的子空间维数检测方法相比，该方法可以提高算法的分类性能，而不需要对构建类中数据的分类信息和类的散度矩阵进行区分。

　　目前，国内外已有非常多的基于叶片的植物分类方法，并取得了较高的识别率。这些分类方法大体上可以描述为：提取叶片的一些特征参数，利用神经网络训练或适当的分类器等方法开展植物的识别与分类工作。选用的叶片特征一般包括叶片的比例参数值、各种不变矩、傅里叶描绘子、小波变换系数、纹理特征、模糊集和邻域粗糙集特征，以及分形维数等。但是，由于同类叶片或同一棵树上叶片之间的差异非常大，甚至同一片叶片在不同时期的叶片图像之间的差异都可能非常大，而一些异类叶片之间的差异却可能非常小；因此，现有的植物分类方法不能满足当前植物自动分类系统的需要。主要原因是这些方法基本上属于统计或线性特征提取方法，不能有效得到高维、多变、非线性叶片图像固有的、内在的数据。

植物叶片图像分类的关键步骤是数据维数约简和特征提取。很多经典的线性维数约简和特征提取方法，都不能有效地从同类植物叶片在不同季节、位置和光照等条件下拍摄的不同图像中，提取出稳定的低维分类特征。为此，本章尝试利用非线性子空间方法对植物叶片图像开展维数约简和特征提取等工作。

流形学习是近年来发展较为迅速的一类重要的子空间非线性维数约简方法，已经被成功地应用于人脸、掌纹和唇印等生物特征的识别工作中。LPP 是一种经典的流形学习算法，能够将分布在高维空间的样本点通过非线性变换映射到低维欧氏空间，并能保证流形中每对最近邻样本点之间的距离不变。由于该方法是一项无监督维数约简方法，没有利用数据的类别信息，不利于数据的分类工作。本章在 LPP 算法的基础上，提出一项监督正交 LPP（SOLPP）算法，并应用于植物叶片图像分类工作中（张善文，2003；孙斌，2014；郑国强，2018）。

7.1　监督正交局部保持映射

7.1.1　局部保持映射（LPP）

LPP 是一种局部子空间学习算法，通过保持原始数据局部结构的邻连接图对流形结构开展建模，获得低维子空间。在该低维子空间中，人们能够非常好地检测数据的流形结构，并保持数据空间的局部结构不变。LPP 能够提取最具有判别性的特征来开展维数约简，因此 LPP 在保持数据的局部特征不变方面具有明显的优势。

假设 n 个 D 维样本点集 $\{X_1, X_2, \cdots, X_n\}$ 分布在一个低维的子流形上，希望找到一组对应的 d 维（$d \ll D$）数据点的数据集 $\{Y_1, Y_2, \cdots, Y_n\}$。LPP 算法的目标函数定义为

$$\min \sum_{i,j} (Y_i - Y_j)^2 H_{ij} \tag{7-1}$$

式中，$Y_i = A^T X_i$，A 为 d 个变换向量组成的映射矩阵，H_{ij} 为近邻点 X_i 和 X_j 之间的权值。

通过求目标函数的最小值来保证任意的两个近邻点 X_i 和 X_j 对应的投影 Y_i 和 Y_j 也是近邻点。

7.1.2 正交局部保持映射（OLPP）

OLPP 作为一种新型的流形学习方法，通过与主成分分析法相结合，利用局部映射和拉普拉斯算法映射到分类目标的几何信息，可以嵌入高维几何的样本数据中，它具有良好的学习非线性高维数据几何结构的能力，可用于数据特征的提取和研究工作。OLPP 算法的具体步骤如下：

（1）主成分分析（PCA）映射。故障样本维数为 m，故障样本个数为 n，D 为对角矩阵，$XORG$ 为含噪声故障样本集，构造 $m \times m$ 奇异矩阵 $XORGX$。通过 PCA 去掉零特征值对应的元素，$XORG$ 指向地图信息属性不变的 PCA 子空间，采用主成分分析矩阵 $XDXT$（X 为 PCA 处理样本数据后的 $K \times n$ 维样本数据，K 为近邻点数量），变为非奇异但保留原数据矩阵，将 PCA 变形矩阵表示为 $WPCA$，且 $WPCA = Ur$（Ur 为最大特征值对应的特征向量，本章用 x_i 表示 PCA 映射后的数据。

（2）构建相邻映射。利用 KNN 算法来构建邻居映射，利用欧几里得距离来确定 KNN 数据点之间的距离，通过距离构造所有数据点的 K 个相邻点的距离矩阵（x_j 属于 x_i 的 K 个相邻点）。

（3）选项值，如果节点 i 和 j 连接（即在同一边），那么

$$S_{ij} = \exp(-\|x_i - x_j\|^2 / t)$$

式中，t 是常数。否则，$S_{ij} = 0$。

（4）计算正交基函数。对角矩阵 D 元素定义为，S 中各列的行之和（或各行的列之和，因为 S 为对称矩阵），$D_{ij} = \sum_j S_{ji}$。拉普拉斯矩阵定义为，$L = D - S$，令（a_1，a_2，$\cdots$，a_{i-1}）为正交基向量，定义 $A^{(k-1)} = [a_1, a_2, \cdots, a_{k-1}]$，$B^{(k-1)} = [A^{(k-1)}]^T (XX^T)^{-1} XLX^T$ 为正交基向量，

计算思路如下：

① a_1 等于与 $(XDX^T)^{-1} XLX^T$ 的最小特征值相对应的特征向量；

② a_k 为 $J^{(k)} = \{I - (XDX^T)^{-1} A^{(k-1)} [B^{(k-1)}]^{-1} [A^{(k-1)}]^T\}(XDX^T)^{-1}$ XLX^T 的最小特征值对应的特征向量。

（5）计算 OLPP 映射。使 $WS = [a_1, a_2, \cdots a_d]$，嵌入式如下所示：

$$x_{ORG} \rightarrow e = W^T x_{ORG}$$

$$W = W_{PCA} W_s$$

式中，e 为故障数据 x 的 d 维表示形式，W 为变形矩阵。非线性映射可以在线性意义上保持流形的内部几何性质。W 的列向量是正交拉普拉斯数据，它可以作为邻边。因此，与传统算法 PCA、LPP 相比，OLPP 能够更好地挖掘高维数据的内部几何结构特征。

7.1.3　监督正交局部保持映射（SOLPP）

本节结合数据的局部信息和类别信息，在 Warshall 算法和 LPP 算法的基础上提出一项 SOLPP 算法。该算法的目标函数定义为

$$\frac{\sum\limits_{i,j=1}^{n}(Y_i - Y_j)^2 R_{ij} W_{ij}}{\sum\limits_{i,j=1}^{n}\left(\frac{1}{\left\|\sum\limits_{j} R_{ij}\right\|}\sum\limits_{j} R_{ij} Y_j - \frac{1}{\left\|\sum\limits_{i} R_{ij}\right\|}\sum\limits_{i} R_{ij} Y_i\right)^2 B_{ij}} \qquad (7-2)$$

式中，W_{ij} 和 B_{ij} 分别为类内和类间权值，R_{ij} 为样本的类别信息，定义如下：

$$R_{ij} = \begin{cases} 1, & \text{若 } X_i \text{ 和 } X_j \text{ 属于同一类} \\ 0, & \text{其他} \end{cases}$$

R_{ij} 非常容易由 Warshall 算法得到。由 R_{ij} 的定义可知，当样本 X_i 和 X_j 为同类时，$R_{ij}=1$，否则 $R_{ij}=0$，则 $\sum\limits_{j} R_{ij}$ 表示与样本 X_i 同类的样本数；当样本 X_i 和 X_j 为同类时，$R_{ij} W_{ij}=W_{ij}$，否则 $R_{ij} W_{ij}=0$。

由上面分析可知，式（7-2）中的分子项表示数据的加权类内散度矩阵；分母项表示加权类间散度矩阵。若设 A 为所提出算法的投影矩阵，即 $Y_i = A^T X_i$，通过简单推导得

$$\frac{1}{\left\| \sum_j R_{ij} \right\|} \sum_j R_{ij} Y_j = \frac{1}{\left\| \sum_j R_{ij} \right\|} \sum_j R_{ij} A^T X_j$$

$$= A^T \frac{1}{\left\| \sum_j R_{ij} \right\|} \sum_j R_{ij} X_j = A^T F_i \qquad (7-3)$$

式中，$F_i = \dfrac{1}{\left\| \sum_j R_{ij} \right\|} \sum_j R_{ij} X_j$。

由 R_{ij} 的定义可知，F_i 为第 i 类样本的平均值。对式（7-2）中的分子和分母分别推导如下：

$$\frac{1}{2} \sum_{i,j=1}^{n} (Y_i - Y_j)^2 R_{ij} W_{ij}$$

$$= \frac{1}{2} \sum_{i,j=1}^{n} (A^T X_i - A^T X_j)^2 R_{ij} W_{ij} \qquad (7-4)$$

$$= tr(A^T X (L - Q) X^T A)$$

$$\frac{1}{2} \sum_{i,j=1}^{n} \left(\frac{1}{\left\| \sum_j R_{ij} \right\|} \sum_j R_{ij} Y_j - \frac{1}{\left\| \sum_i R_{ij} \right\|} \sum_i R_{ij} Y_i \right)^2 B_{ij}$$

$$= \frac{1}{2} \sum_{i,j=1}^{n} (A^T F_i - A^T F_j)^2 B_{ij} \qquad (7-5)$$

$$= tr(A^T F (D - B) F^T A)$$

式中，$F = [F_1, F_2, \cdots, F_n]$，$X = [X_1, X_2, \cdots, X_n]$，$W_{ij} =$

$$\begin{cases} \exp\left(-\dfrac{\|X_i - X_j\|^2}{\beta} \right), & \text{若 } X_i \in N(X_j) \text{ 或 } X_j \in N(X_i) \\ 0, & \text{其他} \end{cases}$$ 。

式中，$N(X_i)$ 表示任意一样本点 X_i 的 k 个最近邻点组成的集合，$B_{ij} = \exp\left(-\dfrac{\|F_i - F_j\|^2}{\beta} \right)$，$\beta$ 为调节参数，$Q = \{R_{ij} W_{ij}\}$ 为矩阵，其元素 Q_{ij} 为 R_{ij} 与 W_{ij} 对应项的乘积，$B = \{B_{ij}\}$ 为对称矩阵，L 和 D 为对角化矩阵，且它们的对角元素分别为 $L_{ii} = \sum_j R_{ij} W_{ij}$，$D_{ii} = \sum_j B_{ij}$。

将式（7-4）和式（7-5）代入式（7-2），得

$$\text{argmin} \frac{A^{\mathrm{T}} X (L - Q) X^{\mathrm{T}} A}{A^{\mathrm{T}} F (D - B) F^{\mathrm{T}} A} \tag{7-6}$$

最小化式（7-6），即最小化式（7-6）的分子，同时最大化式（7-6）的分母。最小化分子的目的是：若同类两点 X_i 和 X_j 之间的距离比较小，则使得映射后在低维空间中对应的两点 Y_i 和 Y_j 之间的距离更小。最大化分母的目的是：若两类样本的平均值 F_i 和 F_j 之间的距离比较小，则使得映射后低维空间中对应的不同类样本之间更分散。因此，本章介绍的 SOLPP 算法有利于数据分类。

如图 7-1 所示，这是 SOLPP 算法的示意图。从图中可以看出，该算法能够将邻域内同类植物叶片之间的距离缩短（即最小化分子），而把异类植物叶片之间的距离增大（最大化分母），由此提高了算法的分类效率。

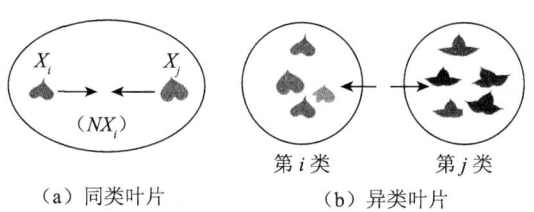

（a）同类叶片　　　　（b）异类叶片

图 7-1　SOLPP 算法的示意图

通过特征值分解求解式（7-6）。若假设数据的约简维数为 d，则映射矩阵 A 由式（7-6）的 d 个最小特征值 λ_1，λ_2，$\cdots$，λ_d 对应的特征向量 a_1，a_2，$\cdots$，a_d 组成。

由于正交映射可以保持映射前后样本之间的距离，而且可以消除一定的噪声，因此本书采用 Gram-Schmidt 正交化方法对 a_1，a_2，$\cdots$，a_d 开展正交化。

令 $p_1 = a_1$，假设前 $l-1$ 个正交基向量为 p_1，p_2，$\cdots$，p_{l-1}，则由式（7-7）得第 l 个基向量 p_l。

$$p_l = a_l - \sum_{i=1}^{l-1} \frac{p_i^{\mathrm{T}} a_l}{p_i^{\mathrm{T}} p_i} p_i \tag{7-7}$$

则任一样本点 X_{new} 对应的低维投影可以通过线性变换得到

$$Y_{new} = P^T X_{new} \qquad (7-8)$$

式中，$P = [p_1, \ p_2, \ \cdots, \ p_d]$，$P \in R^{n \times d}$，$X_{new} \in R^D$，$Y_{new} \in R^d$，$D$ 为原始数据的维数，d 为约简维数。

7.1.4 基于监督正交局部投影算法的植物叶片识别步骤

根据上面的分析，给出基于监督正交局部投影算法的植物叶片识别的步骤：

输入：训练集 $\{(X_i, \ c_i)\}_{i=1}^n$，c_i 为点 X_i 的样本标签。

输出：测试集的样本标签。

（1）为了克服小样本问题，需要利用 PCA 开展预维数约简，保留 98% 的主成分；

（2）将 PCA 约简后的数据划分为训练集和测试集，训练集用于求解正交映射矩阵，测试集用于测试算法的效果；

（3）利用 Warshall 算法构建样本的类别矩阵 R_{ij}；

（4）按照最近邻准则连接任一样本点 X_i 与它的所有 K 最近邻点，得到最近邻图 G；

（5）由式（7-3）、式（7-4）和式（7-5）计算数据的类内散度和类间散度矩阵，构造式（7-6）的目标函数；

（6）求解式（7-6）的目标函数，得 d 个最小特征值对应的特征向量 $a_1, \ a_2, \ \cdots, \ a_d$；

（7）利用式（7-7）对 $a_1, \ a_2, \ \cdots, \ a_d$ 开展正交化，得正交线性映射矩阵 P；

（8）利用式（7-8）对测试集样本 X_{new} 开展维数约简，得数据的低维映射 Y_{new}；

（9）利用简单最近邻（1-NN）分类器确定 Y_{new} 的类别标签。

7.2　实验结果与分析

为了验证本章基于 SOLPP 算法的植物叶片图像分类方法的有效性，利用瑞典植物叶片数据集的 15 类叶片图像（每类 75 幅）开展实验。同时与 LPP 和现有的叶片图像分类算法——邻域粗糙集、支持向量机、有效的移动中心超球法、改进的局部线性判别嵌入法和正交全局–局部判别映射算法进行了比较。

7.2.1　实验简述

实验中的程序设计和运行在 MATLAB 7.0 环境中完成。所采用的 K 最近邻分类器为 MATLAB 7.0 中的函数 knnclassify，矩阵转换向量利用 reshape 函数。

如图 7-2 所示，这是植物叶片识别的程序流程图。首先，对采集到的叶片图像进行分割、去掉叶柄、矫正等预处理，再将预处理后的每幅图像归一化为 64×64 像素大小的灰度图，背景为白色。在归一化时，使用一个正方形框来框住叶片图像的轮廓，使正方形的高与宽都为 64，正方形水平方向的中心为叶片图像轮廓质心的水平坐标。将该叶片的正方形框图像截取出来，再按 1∶1 的缩放比例归一化为 64×64 像素大小。

7.2.2　实验结果

如图 7-3 所示，这是瑞典叶片数据集中的 8 类典型图像及其处理结果。将每幅二维图像按一行接一行的顺序转换为 4096 维的一维向量，并将其作为植物叶片分类实验的输入数据。将该数据集分为训练集和测试集。对于 NRS、SVM 和 MCH 算法，训练集用于参数选取；对于 LPP、MLLDE、OGLDP 及本章介绍的 SOLPP 算法，训练集用于求取映射矩阵；在各个算法中测试集都用于算法验证。后面的 4 种流形学习算法都需要利用 PCA 预维数约简来克服小样本问题。

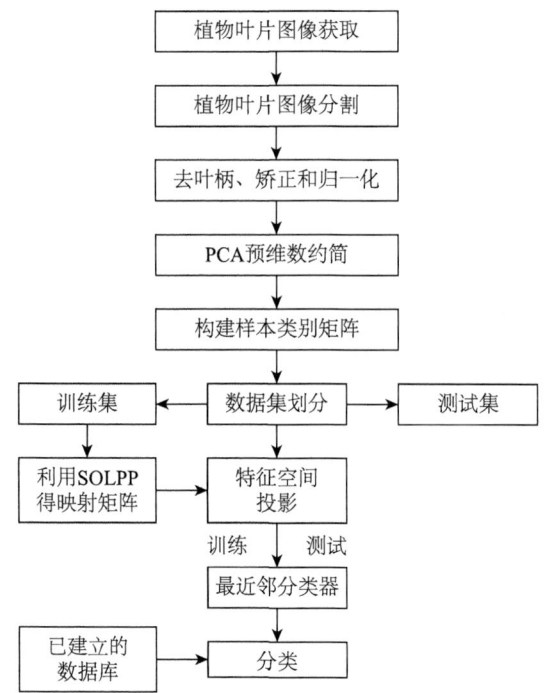

图 7-2　植物叶片识别的程序流程图

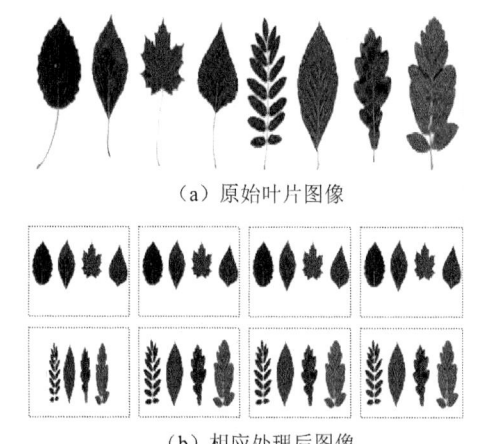

（a）原始叶片图像

（b）相应处理后图像

图 7-3　瑞典叶片数据集中的 8 类典型图像及其处理结果

一般而言，研究人员从样本的可视化中可以看出分类算法的有效性。为了证明本章所提出算法的有效性，对瑞典叶片数据集中两种植物的所有叶片图像进行可视化操作。如图 7-4 所示，这是经典的流形学习算法——局部线性嵌入（Locally Linear Embedding，LLE）和 SOLPP 算法约简后的二维可视化结果。由图 7-4 可以看出，SOLPP 的内在聚类性能明显优于 LLE。

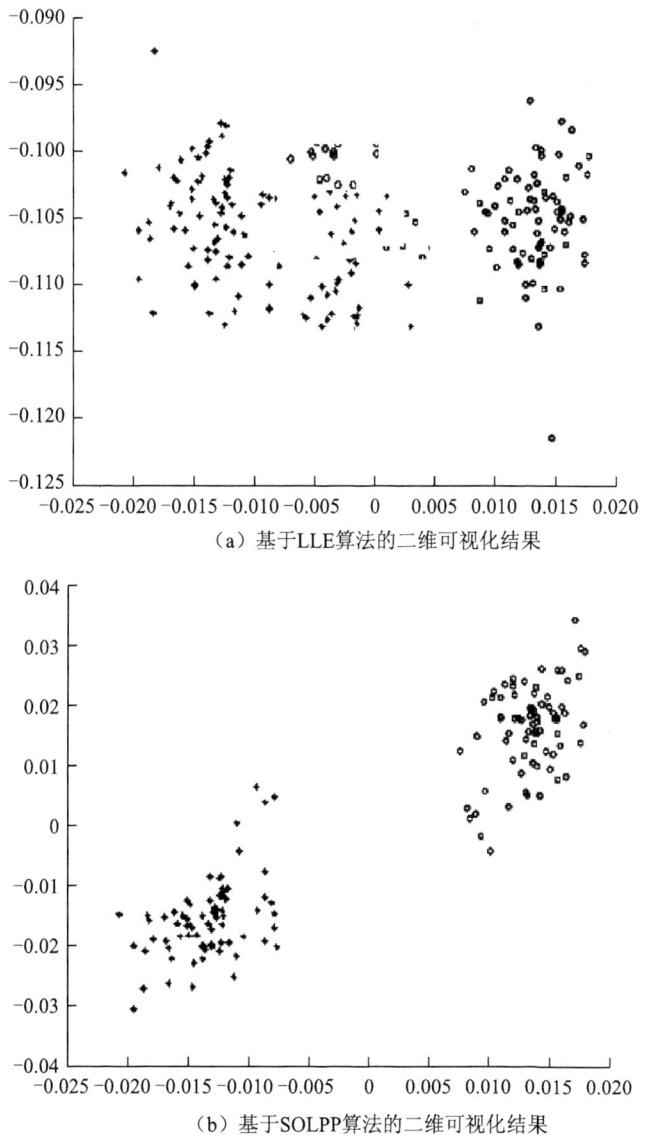

（a）基于LLE算法的二维可视化结果

（b）基于SOLPP算法的二维可视化结果

图 7-4 植物叶片图像经过 LLE 和 SOLPP 算法约简后的二维可视化结果

　　在分类实验中，从每种植物叶片中任意选择 m 张叶片图像构成训练样本集，剩余的 $75-m$ 张构成测试样本集。算法中涉及的两个参数 k 和 β，均由交叉验证法得到。为了简单起见，实验中动态设置 $\beta = \|X_i\| \cdot \|X_j\|$，最近邻数 k 被设置为 $(l-1)$，其中 l 为训练集中每类样本的数目。对于每个固定的 m，重复开展实验 100 次，记录每次实验中分类准确率的最大值。如表 7-1 所示，这是 100 次实验中得到的最大平均识别率和标准差。从表 7-1 可以看出，在 7 种叶片图像分类方法中，本章介绍的 SOLPP 算法的分类效果最好。

表 7-1　基于 NRS、SVM、MCH、LPP、MLLDE、OGLDP 和
SOLPP 算法的叶片分类效果

方法	识别率和方差（%）					
	10 幅	20 幅	30 幅	40 幅	45 幅	50 幅
NRS	76.49±6.4	83.39±6.2	89.89±6.5	91.02±6.6	91.28±6.1	91.37±6.0
SVM	81.43±4.6	86.13±4.7	91.12±4.7	92.49±4.8	92.46±3.4	92.39±3.5
MCH	81.92±5.7	92.39±6.7	92.09±6.7	92.04±5.8	92.67±5.5	92.89±5.2
LPP	68.08±5.3	73.27±5.1	81.76±5.5	91.25±4.7	91.34±5.4	91.48±5.3
MLLDE	91.42±4.9	92.85±5.7	93.58±4.6	93.61±4.5	94.32±4.5	94.28±4.1
OGLDP	90.13±4.3	91.05±4.7	91.83±3.8	92.16±4.3	92.43±4.2	93.04±4.6
SOLPP	93.67±4.7	95.61±4.9	96.38±4.5	96.42±4.4	96.65±4.3	96.82±4.3

7.2.3　结果分析

　　由表 7-1 中可以看出，各种算法的分类率几乎都是随着训练集样本的增加而增大。原因是随着训练样本数目的增加，NRS、SVM 和 MCH 算法的估计参数变得更可靠，而 LPP、MLLDE 和 OGLDP 及 SOLPP 算法得到的映射矩阵就更能反映数据的本征结构。从表 7-1 中还可以看出，后 3 种算法的识别率比其他算法高，原因是这 3 种算法利用了叶片图像的先验知识，即类别信息和流形假设，同时保持了数据的局部结构。由此说明利用数据的类别信息和保持非线性数据的局部结构对提高分类算法的性能有着重要

意义。SOLPP 算法程序在运行过程中，在计算每对样本的权值时，由于不需要判别每对样本是否属于同类，因此节省了运行时间，而且程序也比较容易维护。与 OGLDP 算法相比，SOLPP 算法结构简单，物理意义明确，该算法的平均识别率比 OGLDP 高 4%，而且识别速度也比 OGLDP 快 0.11s。

7.3 小结

特征提取和维数约简是植物叶片图像分类的关键步骤，经典的统计和线性的特征提取和维数约简算法非常难得到非线性数据的内在流形结构。流形学习是较新的一类非线性维数约简算法，已经广泛应用于人脸、掌纹和手写字体识别中。由于非常多的监督流形学习算法在其运行过程中需要判别任意 2 个样本点是否属于同类样本，因而影响了算法的性能。为了克服这个问题，本章在 Warshall 算法和 LPP 的基础上，提出了一项监督正交局部保持映射的流形学习算法，并应用于植物叶片图像的分类工作中。在公开的植物叶片数据集上的实验证明了该算法的有效性。

参考文献

［1］王晓峰. 水平集方法及其在图像分割中的应用研究［D］. 合肥：中国科学技术大学，2009.

［2］RAY T S. Landmark eigenshape analysis：homologous contours：leaf shape in syngonium［J］. American Journal of Botany，1992，1（79）：69-76.

［3］YONEKAWA S，SAKAI N，KITANI O. Identification of idealized leaf types using simple dimensionless shape factors by image analysis［J］. Transaction of the ASAE，1996，39（4）：1525-1533.

［4］JOAO C N，GEORGE M，DAVID D J，et al. Plant species identification using Elliptic Fourier leaf shape analysis［J］. Computers and Electronics in

Agriculture, 2006, 50 (2): 121-134.

[5] BRUNO O M, PLOTZE R O, FALVO M, et al. Fractal dimension applied to plant identification [J]. Inform. Sci., 2008, 178 (12): 2722-2733.

[6] 傅星, 卢汉清, 罗曼丽, 等. 应用计算机开展植物自动分类的初步研究 [J]. 生态学杂志, 1994, 13 (2): 69-71.

[7] WANG Z, CHI Z, FENG D. Shape based leaf image retrieval [J]. IEEE Transaction on Image Signal Process, 2003, 150 (1): 34-43.

[8] 王晓峰. 植物叶片图像自动识别系统的研究与实现 [D]. 合肥: 中国科学院合肥智能机械研究所, 2005.

[9] 贺鹏. 基于叶片综合特征的阔叶树机器识别研究 [D]. 西安: 西北农林大学, 2008.

[10] 杜吉祥. 植物物种机器识别技术的研究 [D]. 合肥: 中国科学技术大学, 2005.

[11] 黄林, 贺鹏, 王经民. 基于概率神经网络和分形的植物叶片机器识别研究 [J]. 西北农林科技大学学报: 自然科学版, 2008, 36 (9): 212-218.

[12] LIU J M. A new plant leaf classification method based on neighborhood rough set [J]. Advances in information Sciences and Service Sciences (AISS), 2012, 4 (1): 116-124.

[13] PRIYA C. A, BALASARAVANAN T, THANAMANI A S. An efficient leaf recognition algorithm for plant classification using support vector machine [C] //Anon. Proceedings of the International Conference on Pattern Recognition, Informatics and Medical Engineering. [S. l.: s. n.], 2012 (21/23): 428-432.

[14] WANG X F, HUANG D S, DU J X, et al. Classification of plant leaf images with complicated background [J]. Applied Mathematics and Computation, 2008, 205 (2): 916-926.

[15] YAN Y, ZHANG Y J. Discriminant projection embedding for face and palmprint recognition [J]. Neurocomputing, 2008, 71 (16-18): 3534-3543.

［16］YU W W, TENG X L, LIU C Q. Face recognition using discriminant locality preserving projections ［J］. Image Vision Comput, 2006, 24 （3）: 239-248.

［17］HE X F, YANG S C, Hu Y X, et al. Face recognition using Laplacianfaces ［J］. IEEE Transactions on Pattern Analysis and Machine Intelligence, 2005, 27 （3）: 328-340.

［18］TENENBAUM J B, SILVA V D, LANGFORD J C. A global geometric framework for nonlinear dimensionality reduction ［J］. Science, 2000, 290 （5500）: 2319-2323.

［19］LIU G, YANG M. Discriminative locality preserving dimensionality reduction based on must-link constraints ［C］//Anon. 2011 International Conference on Electronic and Mechanical Engineering and Information Technology. ［S. l. : s. n. ］, 2011: 3413-3418.

［20］SÖDERKVIST O. Computer vision classification of leaf from swedish trees ［D］. Linköping: Linköping University, 2001.

［21］ZHANG S W, LEI Y K. Modified locally linear discriminant embedding for plant leaf recognition ［J］. Neurocomputing, 2011, 74 （14-15）: 2284-2290.

［22］张善文, 巨春芬. 正交全局-局部判别映射应用于植物叶片分类 ［J］. 农业工程学报, 2010, 26 （10）: 162-165.

［23］ROWEIS S, SAUL L. Nonlinear dimensionality reduction by locally linear embedding ［J］. Science, 2000, 290 （5500）: 2323-2326.

［24］张善文, 张传雷, 程雷. 基于监督正交局部保持映射的植物叶片图像分类方法 ［J］. 农业工程学报, 2013, 29 （5）: 125-131.

［25］孙斌, 刘立远, 雷伟. 基于正交局部保持映射的转子故障诊断方法 ［J］. 中国机械工程, 2014, 25 （16）: 2219-2224.

［26］张善文, 张传雷, 王旭启, 等. 基于叶片图像和监督正交最大差异伸展的植物识别方法 ［J］. 林业科学, 2013, 49 （6）: 184-188.

［27］贺鹏. 基于叶片综合特征的阔叶树机器识别研究［D］. 咸阳：西北农林科技大学，2008.

［28］王艳菲，朱俊平，蔡骋. 基于CENTRIST的植物叶片识别研究与实现［J］. 计算机工程与设计，2012，（11）：4343-4346.

［29］李敬涛，孙新华，余刚，等. 几种基于pCAMBIA系列多用途新型植物表达载体的改建及优化［J］. 吉林大学学报（理学版），2014，52（2）：371-375.

［30］郭竞. 三维模型语义检索相关问题研究［D］. 西安：西北大学，2013.

［31］黄林，贺鹏，王经民. 基于概率神经网络和分形的植物叶片机器识别研究［J］. 西北农林科技大学学报（自然科学版），2008，36（9）：212-218.

［32］李敬涛. 基于叶片形状的植物特征提取方法的设计与实现［D］. 合肥：中国科学院大学，2014.

［33］张娟. 基于图像分析的梅花种类识别关键技术研究［D］. 北京：北京林业大学，2011.

［34］董红霞. 基于图像的植物叶片分类方法研究［D］. 长沙：湖南大学，2013.

［35］王献锋，王旭启，张传雷. 基于判别映射分析的植物叶片分类方法［J］. 江苏农业科学，2013，41（3）：323-325.

［36］吴翠珍，王晓峰，杜吉祥，等. 植物叶片图像识别系统在植物园发展中的应用研究［C］//佚名. 2008年中国植物园学术年会论文集. ［出版地不详：出版者不详］，2008.

［37］毕立恒. 基于叶片图像算法的植物种类识别方法研究［J］. 浙江农业学报，2017，29（12）：2142-2148.

［38］陈寅. 植物叶形状与叶脉结构的自动分类研究［D］. 杭州：浙江理工大学，2012.

［39］贺鹏. 基于叶片综合特征的阔叶树机器识别研究［D］. 咸阳：

西北农林科技大学，2008.

　　[40] 张善文，贾庆节，井荣枝. 基于正交线性判别分析的植物分类方法 [J]. 安徽农业科学，2012，40（1）：9-10.

　　[41] 李建武. 基于稀疏表示的植物叶片分类识别研究 [D]. 西安：长安大学，2014.

　　[42] 马媛. 葡萄叶检测和面积测量方法研究 [D]. 兰州：甘肃农业大学，2015.

第8章 基于叶片图像处理和稀疏表示的植物识别方法

稀疏表示（Sparse Representation，SR）是近年来模式识别的一个重要的研究领域，它是一项优化方法，基于最小化 L_1 准则，其理论和方法在图像处理、模式识别与机器学习等领域都得到了广泛应用，相比人工神经网络和支持向量机等传统方法，该方法有更好的分类性能。

稀疏表示的基本思路是在一个训练样本空间内，对同一类别的样本可以由训练样本中同类的样本子空间线性表示。因此，当该样本由整个样本空间表示时，其表示的系数一定是稀疏的，并且人们提出了非常多的方法使尽可能多的系数为零。有学者提出了基于稀疏表示的人脸识别框架，取得了较好的识别效果。该方法主要将人脸识别问题转化为一个稀疏表示问题，并可以利用奇异值分解算法对该问题进行求解。但是，由于该方法将所有的训练图像构建为一个冗余字典，导致冗余字典的尺寸巨大，使得该方法在稀疏求解时比较耗时（Wright 等，2009）。

近些年，样本的稀疏表示作为图像处理、信号处理和模式识别的有力工具受到了学者们的广泛关注。样本的稀疏表示是将给定的样本表示为字典的相对较少的线性组合。l^0 最小化问题可用于求解最优稀疏表示，但它是 NP 的一个难题。通过求解凸优化问题（即 l^1 最小化问题），可以得到稀疏或近似稀疏的样本。

由于稀疏表示具有判别能力和鲁棒性，在模式识别领域已经得到应用。与以往的模式识别方法相比，稀疏表示在识别精度上有非常大的提高。虽然稀疏表示在人脸识别、手势识别和信号分析等方面取得了较好的成绩，但较少有应用于植物识别领域的案例。

本章将介绍一种基于稀疏表示的植物识别方法。在该方法中，字典直接由训练样本组成。如果每一种植物都有足够数量的训练叶片图像样本，那么测试样本的线性表示自然是稀疏的。有学者利用字典的稀疏编码（Sparse Coding，SC）的方法对图像的特征进行了提取，用图像块的灰度值集合作为训练样本集，对该样本集运用字典学习的方法得到字典，再根据图像在其字典中稀疏表示的系数所建立的特征，对图像进行分类，并通过实验验证了该方法在图像分类上的有效性（Raina et al.，2010）。在 Raina 的方法基础上，有学者对金字塔匹配核（Spatial Pyramid Matching，SPM），对局部 SIFT 描述符开展稀疏编码，采用最大合并（Max Pooling）方法得到了图像的稀疏表示（Yang et al.，2009）。

有学者考虑到局部特征的相关性，采用拉普拉斯 ScSMP 的方法构造出局部特征的拉普拉斯算子和正则化矩阵，并纳入稀疏编码的目标函数中，得出了有相似局部特征的稀疏表示也具有相似性的结论（Gao et al.，2010）。基于拉普拉斯的 ScSMP 方法较 ScSMP 方法具有较好的鲁棒性，也比较适合场景图像的分类。有学者提出正则化图像稀疏编码方法，此方法根据数据的几个结果，提出用 K 近邻图表示数据的几何结构信息，同时将该图的拉普拉斯矩阵作为正则项合并到稀疏编码的核函数中，使相似的数据稀疏表示后具有相似性（Zheng et al.，2011）。Graph SC 方法比以往的稀疏编码方法具有更强的识别能力，对图像的分类和聚类效应超过了 SC 方法。

在深入研究计算机视觉和模式识别领域时，寻求简单的模式被研究者越来越重视，尤其是在 l_1 范数优化稀疏表示的核心思路上，以及模式识别、图像恢复和图像消噪等方面，取得了良好的应用效果。结果，研究人员对稀疏表示理论越来越关注，因为它不仅对高维空间提供了鲁棒的低维表示，也为建立在低维空间鲁棒的模式识别算法提供了一个广阔的应用空间；而且更重要的是，稀疏约束准则可以用来衡量模式之间的相似性。

8.1 稀疏表示和植物识别

8.1.1 稀疏表示理论

1. 信息的稀疏表示

对于有限长一维离散时间信号 X，我们可以把它看作是 R^N 空间的 $N \times 1$ 的列向量，其中元素的个数是 $X[n]$，$n = 1, 2, \cdots, N$。可以将图像或高维信号拉入一维向量。因此，R^N 空间集中任何向量 $X[n]$ 都可用 N 个 $N \times 1$ 维基向量线性表示。我们假设正交基向量，可以形成基础矩阵 $\Psi = [\Psi_1, \Psi_2, \Psi_3, \cdots, \Psi_N]$，则 R^N 是任何信号 X 可以用的空间类型，可用下式表示：

$$X = \sum_{i=1}^{N} \theta_i \Psi_i \quad 或 \quad X = \Psi \Theta \tag{8-1}$$

式中，Θ 是 $\theta_i = \ <X, \Psi_i> \ = \ \Psi_i^T X$ 构成的 $N \times 1$ 列向量，T 为转置运算符。因此 Θ 和信号 X 是等价的，但 X 是在时域上的表示，Θ 是在 Ψ 域上的表示。

如果信号 X 表示 Ψ 域上的 Θ，只有 K 个非零项，而且 K 小于等于 N，我们称 Θ 是 K 稀疏的，Θ 中非零位置集合成为稀疏结构。在某些情况下，X 在正交基 Ψ 级下的系数是零和非零的，是按照一定量级以指数衰减的形式呈现的，但具有非常少的大系数（K 个）和许多数量级差别大的小系数。如果 K 远小于 N，那么信号 X 也可以稀疏表示，一般用大系数 K 去逼近信号。

信号 X 对于信号的处理非常重要，如果它在某个给定的基础上是稀疏的。例如，当信号被压缩时，X 可以用 K 非零系数的位置和振幅来表示，不用 N 个大于 K 的元素来表示。

2. 稀疏的测量

对于信号表示方法，我们通常根据其表示信号的稀疏系数的多少来确定方法的效果。如果系数是稀疏的，或信号被分解，只有少量的元素处于明显的激活状态，则该方法所表达的信号就越好。一般来说，信号的系数是稀疏的，用 0 范数 l_0 来度量，也就是说，如果信号比较稀疏，则该信号系数中只有少量系数不为 0，这是理想的信号系数向量。实际上，一个信号包含大量的噪声，此时采用 l_0 范数用于稀疏测量效果会较差，在这种情况下，零系数是极少见的，甚至不存在。在实际情况中，数学分析理论中的 lp 范数可用来度量稀疏度，lp 范数的定义如下：

$$\|X\|_p = \left(\sum_i |X_i|^p \right)^{\frac{1}{p}} \tag{8-2}$$

当 $0<p<1$ 时，lp 可以用来表示信号的稀疏度；当 p 趋近于 0 时，lp 范数就接近 l_0 范数，且接近 X 中非零系数的个数。

8.1.2　稀疏表示系数的求解

1. l_0 范数与匹配追踪算法

稀疏表示是一项基于完整字典的数据表示方法，使用尽可能少的系数来表示数据。设数据 $Y \in R^m$，$A = [A^1, A^2, \cdots, A^n] \in R^m (m \ll n)$，$A^i (i=1, 2, \cdots, n)$ 为字典 A 中的一个基向量。数据 y 在字典 A 中的稀疏表示为

$$\min \|x\|_0, \ s.t. \ y = Ax \tag{8-3}$$

式中 $x \in R^n$，是数据 y 在字典 A 中的稀疏表示系数，$\|.\|_0$ 表示 l_0 范数，即系数矢量中的非零元素数。

事实上，由于噪声的影响，上述方程变为

$$\min \|x\|_0, \ s.t. \ \|y - Ax\|_2 \leq \varepsilon \tag{8-4}$$

解决上述 l_0 范数优化的问题是一个 NP 问题，要想找到一个全局最优解，就需要找遍所有的群，这是一个非常大的计算量，无法在实际应用中得到解决。于是，研究人员们提出了一类近似计算法，其中应用次数最多的是贪婪算法，如匹配追踪和正交匹配追踪算法，这些方法可以非常好地解决优化问题的 l_0 近似解。

贪婪算法的主要思路是通过每次迭代局部最优解来逐步逼近原始信

号。Malllat 和 Zhang 首先提出了匹配追踪（Matching Pursuit，MP）的贪婪算法。在此算法中：首先，选择字典 D 中的基向量来迭代最相关的基向量，构造稀疏逼近；其次，利用信号来表示残差；最后，使用与信号残差匹配的基向量，经过一定次数的迭代后，可以用一些基向量来表示信号。由于选取的基向量在其投影上是不正交的，故每次迭代的结果都不是最优的，因此需要增加迭代次数来获得收敛效果。

有学者提出了基于 MP 的正交匹配追踪算法（Orthogonal Matching Pursuit，OMP）（Pati et al.，2002）。该算法是通过将选定原子的正交投影到所选原子张成的空间。接下来详细介绍 MP 算法和 OMP 算法。

（1）MP 算法。该算法是一项典型的贪婪跟踪算法，首先设 $R^0 f = x$，输入信号分解为

$$R^0 f = \; < R^0 f, \; g_{r0} > g_{r0} + R^1 f \tag{8-5}$$

式中，$= \; < R^0 f, \; g_{r0} > g_{r0}$ 是 $R^0 f$ 在 g_{r0} 上的投影，$R^1 f$ 是残差信号。由于 $R^1 f$ 与 g_{r0} 正交，令 $\|g_{r0}\| = 1$，上式可转化为

$$\|R^0 f\|^2 = \; | < R^0 f, \; g_{r0} > |^2 + \|R^1 f\|^2 \tag{8-6}$$

为了最小化残差信号 $R^1 f$ 的能量，必须让 $| < R^0 f, \; g_{r0} > |^2$ 的值最大，因此选择在每个内积中与 x 内积最大的原子 g_{r0}，可以得到

$$| < x, \; g_{r0} > | = \mathop{\sup}_{g_r \in D} |x, \; g_{r0}| \tag{8-7}$$

按照式（8-5）形式迭代分解下去。对残差信号在第 m 步分解为

$$R^{m-1} f \; < R^{m-1} f, \; g_{r_{m-1}} > g_{r_{m-1}} + R^m f \tag{8-8}$$

其中，$g_{r_{m-1}}$ 满足

$$| < R^{m-1} f, \; g_{r_{m-1}} > | = \mathop{\sup}_{g_r \in D} |R^{m-1} f, \; g_r > | \tag{8-9}$$

这样就得到了信号 x 的 m 项逼近为

$$x_m = \sum_{i=0}^{m-1} < R^i f, \; g_{ri} > g_{ri} \tag{8-10}$$

逼近误差为

$$\|R^m f\|^2 = \|x\|^2 - \sum_{i=0}^{m-1} | < R^i f, \; g_{ri} > |^2 \tag{8-11}$$

在上述步骤中，MP 算法将其信号 x 分解为一组原子和其残差的线性

组合。该算法虽具有较高的计算复杂度，但在信号检测、图像识别和图像压缩等方面的原理比较简单。

（2）OMP 算法。该算法是一项改进的 MP 算法，选出目标原子后，利用施密特正交化法对所选原子正交化处理，再将残差信号投影到正交化原子所张成的空间上，以保证残差信号子空间与原子正交。具体步骤如下：

首次迭代与 MP 算法相同，对选中的原子 g_{r_m} 做施密特正交化，有

$$\mu_m = g_{r_m} - \sum_{i=1}^{m-1} \frac{|<g_{r_m}, \mu_i>|}{\|\mu_i\|^2} \mu_i \tag{8-12}$$

那么残差信号 $R^m f$ 向 μ_m 投影，有

$$R^m f = \frac{<R^m f, \mu_m>}{\|\mu_i\|^2} \mu_m + R^{m+1} f \tag{8-13}$$

把它们加起来，有

$$x = \sum_{m=0}^{k-1} \frac{<R^m f, \mu_m>}{\|\mu_m\|^2} \mu_m + R^k f = P_{Vk} x + R^k f \tag{8-14}$$

式中，$P_{Vk} x$ 为 $\{\mu_m\}$（$0 \leqslant m < k$）生成的空间 Vk 正交投影的算子，由于残差信号 $R^k f$ 是 x 和 Vk 正交的一部分，因此有

$$<R^m f, \mu_m> = <R^m f, g_{r_m}> \tag{8-15}$$

将式（8-15）代入式（8-14）得

$$x = \sum_{m=0}^{k-1} \frac{<R^m f, g_{r_m}>}{\|\mu_m\|^2} \mu_m + R^k f \tag{8-16}$$

由于加入了正交化处理，OMP 算法会比 MP 算法复杂，但 OMP 算法在逼近性上比 MP 算法收敛的速度更快，原子序数的选择相对更少，有更稀疏的表示信号。目前，OMP 算法已经被广泛应用于各个领域。

2. l_0 范数与 FOCUSS 算法

该方法用 lp 范数（$0 < p < 0$）代替 l_0 范数近似计算稀疏解，优化表达式为

$$\min \|x\|_p^p, \ s.t. \ y = AX \tag{8-17}$$

对于式（8-17）的求解，Gorodnitsky 和 Rao 提出了 FOCUSS（Focal

Underdetermined System Solver）算法，该算法将 lp 范数用加权 l_2 范数替换，计算过程为：鉴于目前的近似解 X_{i-1}，令 $D_{i-1} = diag(|x_{i-1}|^q)$，并假设矩阵是可逆的，有表示式 $\|D_{i-1}^{-1}x\|_2^2 = \|x\|_{2-2q}^{2-2q}$，其中，$q = 1 - p/2$。

在实际计算过程中，由于可能出现 0 元素，因此会有一个矩阵 D_{i-1} 不能求逆，出现这种情况，可以用伪逆 D_{i-1}^+ 代替直接求逆，第 i 次求解的优化问题为

$$\min \|D_{i-1}^+ x\|_2^2, \ s.t \ y = Ax \tag{8-18}$$

当 $q = 1$ 时，式（8-18）是 l_0 范数问题的变形式，若矩阵 D_{i-1}^+ 可逆的，则其对角线上没有零元素，可以用拉格朗日方法求解 l_2 范数的类似方法来解决问题，得到下述结果：

$$y_i = D_{i-1}^2 A^T (A D_{i-1}^2 A^T)^{-1} x \tag{8-19}$$

将继续更新矩阵 D_i 作为当前的近似解，然后计算 $i+1$，直到结果达到收敛为止。

可以看到，通过 FOCUSS 算法能得到收敛效果，但从式（8-19）中明显可以发现，x_i 可能有一个元素不为 0，那么使用这种方法计算时，后面的零元素计算值将不会被更新，因此说此方法不是收敛于最优解的。这使得在 D_0 初始值的主对角线不能为 0 时，可以使用该算法来计算。

3. l_1 范数与凸松弛算法

凸松弛算法的基本思路是用 l_1 范数替代 l_0 范数，优化非凸目标，从而将凸式转化为如下的范数最小化问题：

$$\min \|x\|_1, \ s.t \ y = AX \tag{8-20}$$

上式仍然是一个凸问题，因此可以用凸优化方法求解。在求解 l_1 范数之前，应该研究 l_0 和 l_1 的解的等价性和唯一性。Donoho Huo 对 l_0 范数最小化问题和 l_1 范数的等价性条件问题开展了研究，并指出当解足够稀疏时，l_0 与 l_1 范数稀疏表示的条件是：$\|x\|_0 < \frac{1}{2}[1 + \frac{1}{\mu(A)}]$。Donoho 和 Elad 研究了稀疏表示的唯一性条件：$\|x\|_0 < \frac{spark(A)}{2}$，式中 $spark$ 为字典 A 中线性

独立的列数量的最小值。Candes 和 Tao 证明了满足 RIP 条件是 l_0 范数和 l_1 范数解等价的条件。

框架法、最优正交法和跟踪法是常见的凸松弛算法。框架法简单，可用 l_2 范数代替 l_0 范数，但分解的系数不能保证其稀疏性；最优正交法是用所有正交基中熵值最小的基表示信号；跟踪法是一种比较常用的方法，用 l_1 范数代替 l_0 范数，将式（8-3）问题转由式（8-20）来求解，通常用线性规划方法来求解 l_1 范数优化问题。具体过程如下：式（8-20）中的未知量转换为 $x = u - v$，其中，u，$v \in R^m$，是非负的向量。向量 u 去掉了 x 中的所有正元素，剩下的用 0 元素替换；而向量 v 去掉了 x 中所有的负元素，其余的元素都是 0。我们再定义 $\beta = \left[u^\mathrm{T}, v^t\right]^\mathrm{T} \in R^{2m}$，因此 $Ax = A(u - v) = \left[A, -A\right]\beta$，优化表达式（8-20），表示成如下形式：

$$\min C^\mathrm{T}\beta, \, s.t. \, y = \left[A, -A\right]\beta, \, \beta \geqslant 0 \tag{8-21}$$

上述方程是典型的线性规划问题，可以用原始对偶内点法和对数障碍法来求解。

通过对上述 3 种范数及算法的介绍，可以看出 l_1 和 l_2 范数是凸的，而 lp（$0<p<1$）和 l_0 范数不是凸的；也可以看出 l_1 相比 l_2 范数具有更加稀疏的解。总而言之，对于 l_0，lp（$0<p<1$）与 l_1 这 3 种范数，l_1 具有较好的稀疏特性，并且其具有的凸特性有利于稀疏求解。

考虑一个含有 k 个不同类的训练叶片的图像集，假设有来自第 i 类的植物有 n_i 个叶片图像，则 $n = n_1 + n_2 + \cdots + n_k$。首先，将每幅图像转换成灰度图像，每幅图像排列成向量 $v \in R^m$，每幅图像都被向量化，这就是转换后向量的维数 m；其次，第 i 类植物的 n_i 个叶片向量化图像可形成一个矩阵来量化图像 $A_i = \left[v_{i1}, v_{i2}, \cdots, v_{in_i}\right] \in R^{m \times n_i}$。则所有 k 类的 A_i 都可构成一个大的矩阵 $A = \left[A_1, A_2, \cdots, A_k\right] \in R^{m \times n}$，它被称为完整的字典。

叶片的植物识别是使用训练叶片的样本来确定任何新的测试样本 $y \in R^m$ 的类别。同一类的样本存在于一个线性子空间中，这是一般分类模型的假设。因此，如果第 i 类有足够的训练样本，那么测试样本 y 就近似由 A_i 的列所代表的子空间所表示，则有

$$y = \alpha_{i1} v_{i1} + \alpha_{i2} v_{i2} + \cdots + \alpha_{in_i} v_{in_i} \quad\quad (8-22)$$

式（8-22）可以被重新表述为

$$y = Ax_0 \quad\quad (8-23)$$

式中，$x_0 = [0, \cdots, 0, \alpha_{i1}, \alpha_{i2}, \cdots, \alpha_{in_i}, 0, \cdots, 0]^T \in R^n$ 为系数向量。

当不同类型的样本数量更多时，式（8-23）的线性表示是稀疏的。通过求解以下优化问题，可以得到最稀疏的线性表示

$$\min \|x\|_0, \ s.t. \ y = Ax \quad\quad (8-24)$$

式中，$\|\cdot\|_0$ 为 l_0 范数。l_0 最小化问题是 NP 问题。大量的例子表明，最优化问题式（8-24）的解等价于下列 l_1 最小化问题的解，如果最优解 x_0 足够稀疏的话。

$$\min \|x\|_1, \ s.t. \ y = Ax \quad\quad (8-25)$$

其实，由于噪声或训练样本数量的不足，式（8-25）的优化问题中的线性约束并不总是正确的。为此，可以将测试样本 y 表示为

$$y = Ax + \eta = [A I] \begin{bmatrix} x \\ \eta \end{bmatrix} \quad\quad (8-26)$$

式中，η 为噪声项，I 为 m 阶单位矩阵。

求解式（8-27）的 l_1 最小化，将可以恢复 y 并保持线性表示的鲁棒性，则有

$$\min \|s\|_1, \ s.t. \ y = Bs \quad\quad (8-27)$$

式中，$B = [A I]$，$s = [x^T \eta^T]^T$。

根据获得的稀疏表示系数 A 或 B，可以计算测试样本的残差和各种训练样本；测试样本的类别可根据残差项的大小来确定，这种分类方法被称为稀疏表示分类（SRC）算法。该算法在没有光照变化、遮挡腐蚀和定向变化的训练图像输入的情况下，可以获得较高的识别率。因此，该算法适用于某些场景，如秘密位置或访问控制系统。在非理想情况下，如实际拍摄的植物叶片图像，可能在局部空间出现镜面反射、阴影、遮挡、方位不正和叶片残缺不全等问题时，直接利用 SRC 算法得到的识别率较低。事实上，这些非理想的叶片图像的情况通常仅限于整幅图像像素的一部分，因

此在式（8-27）中可以用一个额外的误差 e 来表示在输入图像和图像训练之间的误差。式（8-27）的优化问题可以转化为式（8-28）的最优解。

$$\min_{x,\,e} \|x\|_1 + \|e\|_1,\ s.t.\ Ax + e = y \tag{8-28}$$

式中，e 指出了在无光照变化、遮挡腐蚀、方位变化的情况下，在叶片图像理想的采集情况下，输入图像与训练图像之间的误差。

$$\hat{i} = \arg\min_i \|y - A_i x_i - e\|_2^2 \tag{8-29}$$

如果 x_i 是解 x 的一个子向量，与第 i 类样本相对应，则可将测试图像 y 分为第 $\hat{i}$ 类。

8.1.3　基于近邻稀疏表示的植物识别方法

SRC 算法存在一些缺陷，尽管该算法有非常多令人满意的优点。该算法根据基元素所属的类别对测试样本 y 开展分类，若基元素属于第 i 类，则 y 也属于第 i 类。其中，基元素为能够以最优方式来稀疏表示 y 的那一类训练样本。在植物叶片图像的分类过程中，由于同一棵树上的叶片之间也可能存在较大的差异，故上述情况并不容易得到满足。也就是说，由 y 确定的这组基元素中，很有可能包括距离 y 较远的样本，即这组基元素并不一定是 y 的局部近邻。在这种情况下，根据 SRC 算法，y 将被分到某一类中，其中该类基元素所张成的子空间距离 y 最近，即使该类样本离 y 较远。然而，若这一结论成立，SRC 算法需要一个前提假设：每一类的基元素之间的距离较远，由各类基元素张成的子空间仍然是线性。

由此可见，SRC 算法对解决植物叶片图像等非线性数据分类问题的效果不明显。为此，本章在 SRC 的基础上提出了改进的 SRC 算法（MSRC）。

（1）分类每个训练样本 x_i，$x_i = x_i / \|x_i\| (i = 1, 2, \cdots, n)$；

（2）在训练集的每一个类别中，分别计算测试样本 y 的 K 近邻 $W_i = [x_{1,i}, x_{2,i}, \cdots, x_{k,i}]$。其中，$i = 1, 2, \cdots, c$；$l = 1, 2, \cdots, k$；$x_{l,i}$ 为 x 在第 i 类中的第 l 个最近邻。

（3）对任何一个 i，我们都可以解出最优化问题：

$$\hat{y}_i = \arg\min_x \|W_i \cdot x - y\|_2 + \lambda_1^{\mathrm{T}} \cdot x + \gamma \|x\|_1 \qquad (8\text{--}30)$$

（4）对于任意一个 x_i，计算其局部稀疏表示残差

$$\varepsilon_i(y) = \|W_i \cdot x_i - y\|_2 \qquad (8\text{--}31)$$

（5）确定 y 的类别：$\mathrm{Label}(y) = \arg\min_i \varepsilon_i(y)$。

根据实验结果，需要得到 MSRC 算法中涉及的参数。

8.2　实验结果与分析

8.2.1　实验简述

该部分测试了本章提出的植物识别方法的有效性。在实验中，我们选择 6 种植物（海棠、五角枫、龙爪槐、枇杷、银杏和樱花）叶片的图像（见图 8-1）。如图 8-2 所示，这是 50 种枇杷和五角枫叶片图像的训练集。

海棠　五角枫　龙爪槐　枇杷　银杏　樱花

图 8-1　6 种植物叶片图像

图 8-2　50 种枇杷和五角枫叶片的图像

实验前，所有的叶片图像都需要削减、对齐、平滑、去除叶柄和灰度化。为了便于计算，每幅图像被切割成 32×32 像素大小。然后将每个灰度图像（即矩阵）转化为与植物识别算法的输入数据相同尺寸的向量。最后得到的叶片图像是 RGB 彩色图像。不同季节叶片的颜色会有所不同，由于光照的角度不同，同一叶片的图像也会有非常大的差异，因此可以将彩色图像转化为灰度图像，从而消除颜色对分类的干扰。由彩色图像转换为灰度图像的公式如下：

$$Y = 0.2989R + 0.5870G + 0.1141B \qquad (8-32)$$

式中，R、G 和 B 分别表示红、绿、蓝 3 个分量，Y 表示灰度值。

8.2.2　实验结果

如图 8-3 所示，这是基于 MSRC 的植物叶片图像的稀疏系数和残差。其中，图 8-3（a）为一幅五角枫叶片图像。在训练集中有 6 种植物，每种植物有 50 幅叶片图像，水平轴为 300 幅植物叶片图像的编号，垂直轴为基于 y 范数最小化 l_1 在训练样本上的投影系数 x。从中不难看出，对植物类的训练样本 Y 的投影系数大，而在其他类别中，只有少数类别的投影系数不为 0，同时系数值比较小，说明 xx 在每个类别的投影系数都近似表示为 y，并可得到重构残差，见图 8-3（b）。训练样本的投影残差最小，可以确定它所属的种类。

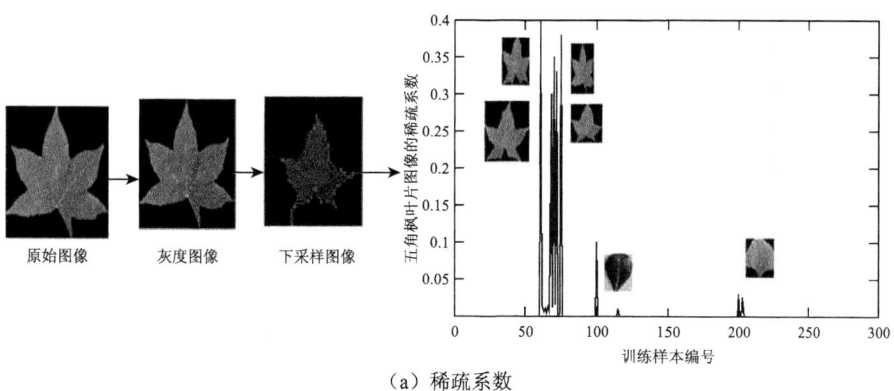

（a）稀疏系数

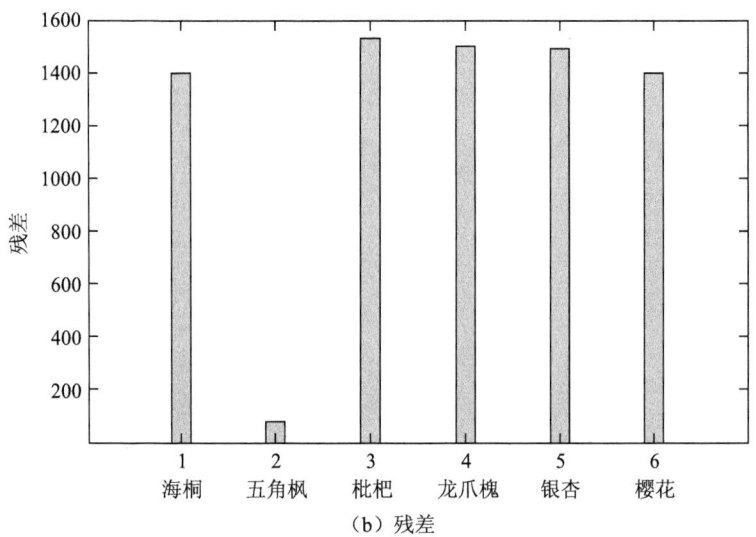

（b）残差

图8-3 基于 MSRC 的植物叶片图像的稀疏系数和残差

为了验证该方法的有效性，我们把它与 BPNN、SVM、ML 和 SRC 方法进行比较。所有的实验都是在 MATLAB7.0 编程开发环境下，运行 5 种植物叶片识别方法的程序代码。其中，电脑的配置是内存 2GB，CPU 是奔腾 E5300 2.60GHZ。

本章为 SR 算法的范数最小化求解 K-SVD 字典学习，l_1 范数采用 MAT-LAB 的 BP 神经网络工具箱 SPGL1 进行问题优化；BPNN 采用 MATLAB 的 NN toolbox 中提供的 train 和 newff 等函数；SVM 采用 LIBSVM 算法；ML 采用 SOLPP 算法；SRC 采用文献中提供的算法。每种植物，随机选取 10 幅图像用于测试，其余 50 幅叶片图像作为训练集。测试样本集则由 60 幅图像组成而训练样本集由剩下的 6×50＝300 幅图像组成。这样的划分实验对于每种算法都重复进行 50 次。算法中参数的选取标准是基于实验结果的最大值。为了得到更高的识别率，需要若干次优化 BPNN 和 SVM 中的多个参数。在每次实验中，每种算法的最高识别率和运行时间都要做好记录，需要计算 50 次实验获得的平均值和方差并与其他 4 种算法进行对比。表 8-1 显示了 5 种算法的实验结果。

表 8-1　BPNN、SVM、ML、SRC、本章方法对 6 种植物叶片图像的实验结果

方法	BPNN	SVM	ML	SRC	本章方法
识别率和方差（%）	88.52±2.12	89.06±2.35	92.12±2.86	93.06±2.77	94.54±2.30
运行时间（s）	135	118	105	96	89

8.2.3　实验分析

因为 MSRC 增加了一个加权矢量，它可以使近邻样本在分类中的作用最强，而相对较远的样本对近邻的作用减弱，以保持样本的局部特性，使样本的分类性能优于其他 4 种算法。实验结果说明，该算法的识别效果最好、识别率最高，平均识别率在 94% 以上。此外，由于不需要从每幅叶片图像中提取和选择特征，从而提高了算法的运行速度。由实验结果可知，该方法能够满足植物识别系统的实时性要求。

8.3　小结

本章研究稀疏表示理论在植物识别中的应用，通过求解极小化问题，有效得到了样本的稀疏表示。最稀疏的系数可以解释为每个训练样本在重建测试样本过程中所提供的权重。基于此，本章提出了一种基于改进的稀疏表示的植物识别新方法，该方法比基于特征提取和选择的识别方法具有更好的识别性能。由于植物识别问题具有复杂性，本章提出的方法尚未应用于一个可行的植物识别系统。现有的研究可以克服叶片图像的光照变化、样本不完全和错位等问题。尽管基于稀疏表示的人脸识别方法具有在没有特征提取的前提下能获得较高识别率的优势，并且在遮挡和噪声情况下也会有出色表现；但在植物识别方面还有待进一步的研究。在大数据越来越受到青睐的情况下，如何保证该算法具有准确的识别率及非常强的识别能力也是将来需要探究的方向之一。

参考文献

［1］WRIGHT J, YANG A, GANESH A, et al. Robust face recognition via sparse representation［J］. IEEE Trans on Pattern Analysis and Machine Intelligence, 2009, 31（2）: 210-227.

［2］王丽君, 淮永建, 彭月橙. 基于叶片图像多特征融合的观叶植物种类识别［J］. 北京林业大学学报, 2015, 37（1）: 55-61.

［3］陈寅, 周平. 植物叶形状与纹理特征提取研究［J］. 浙江理工大学学报, 2013, 30（3）: 394-399.

［4］Du J X, WANG X F, ZHANG G J. Leaf Shape based Plant Species Recognition［J］. Applied Mathematics and Computation, 2007, 185（2）: 883-893.

［5］DU J X, HUANG D S, WANG X F, et al. Shape recognition based on neural networks trained by differential evolution algorithm［J］. Neurocomputing, 2007, 70（4）: 896-903.

［6］张善文, 张传雷, 程雷. 基于监督正交局部保持映射的植物叶片图像分类方法［J］. 农业工程学报, 2013, 29（5）: 125-131.

［7］朱明旱, 李树涛, 叶华. 基于稀疏表示的遮挡人脸表情识别方法［J］. 模式识别与人工智能, 2014, 27（8）: 708-712.

［8］QIAO L S, CHEN S C, TAN X Y. Sparsity preserving projections with applications to face recognition［J］. Pattern Recognition, 2010, 43（1）: 331-341.

［9］肖玲, 李仁发, 曾凡仔. 基于自学习稀疏表示的动态手势识别方法［J］. 通信学报, 2013, 34（6）: 128-135.

［10］王琦, 惠康华. 基于稀疏近邻表示的分类方法［J］. 计算机工程与设计, 2013, 34（4）: 1425-1431.

［11］CHANG C C, LIN C J. LIBSVM-a library for support vector machines［EB/OL］.（2010-9-13）［2018-11-10］. http：//www. csie. ntu. edu. tw/cjlin/libsvm.

［12］KOH K，KIM S J. BOYD S. Simple MATLAB solver for l1-regularized least squares problems［EB/OL］.（2008-5-15）［2018-11-10］. http：//www. stanford. edu/boyd/l1_ ls/.

［13］李建武. 基于稀疏表示的植物叶片分类识别研究［D］. 西安：长安大学，2014.

［14］李萍，张波，张善文. 基于叶片图像处理和稀疏表示的植物识别方法［J］. 江苏农业科学，2016，44（9）：364-367.

［15］李萍，王乐，张波. 改进稀疏表示的飞机目标识别算法［J］. 电光与控制，2016，23（7）：50-54.

［16］何艳敏. 稀疏表示在图像压缩和去噪中的应用研究［D］. 成都：电子科技大学，2011.

［17］林克正，程卫月，刘帅. 局加权稀疏局部保留投影［J］. 计算机应用，2014，34（3）：760-762.

［18］单建华，张晓飞. 稀疏表示人脸识别的关键问题分析［J］. 安徽工业大学学报（自然科学版），2014，31（2）：188-194.

第9章　基于稀疏表示字典学习的植物分类方法

　　近年来出现的植物识别的方法和系统，大多数是先从叶片图像中提取叶片的颜色、形状和纹理等分类特征，然后选择一些对分类贡献大的特征，再利用合适的分类器来识别植物。由于叶片图像的复杂性，使得很多基于特征提取的植物分类识别方法在提取哪些特征、选择哪些特征，以及选择什么样的分类器等方面存在一些盲目性。由于叶片图像的颜色、形状和纹理对光照、季节和位置等的变化呈现非线性变化的特点，使得一些基于线性维数约简的识别方法的实用性不高。

　　字典学习一直是稀疏表示领域中的一个研究热点。字典中的元素被称为原子，原子选择应尽可能符合被逼近样本。字典学习就是从字典中寻找具有最佳线性组合的原子来表示样本。K 奇异值分解（K-SVD）算法能够从训练样本集中学习得到用于稀疏编码的小型超完备字典。该算法以人脸图像为矩阵，通过奇异值分解得到图像的奇异值特征。有学者提出了一项基于 SR 的遮挡人脸表情识别方法，该方法在解决人脸遮挡、光照和表情等方面取得了较好的效果（朱明旱等，2014）。

　　在相关研究及其应用的启发下，在稀疏表示和字典学习相结合的基础上，本章提出了一种基于稀疏表示的植物分类方法。该方法能够做到如下内容：

　　（1）有效解决了经典植物分类算法提取和选择分类特征的难题。稀疏表示利用字典的冗余特性得到原始样本的自然特性，直接将叶片图像样本作为训练集，省去了从叶片图像中提取分类特征的过程。

（2）有效解决了向量化的叶片图像的长度不一致性问题。不同叶片图像之间有一定的差别，其实即使是同一棵树上多幅叶片的图像之间也会有差异，这将导致拍摄的叶片图像的维数不同。本章采用将叶片图像向量化后长度归一化线性插值的方法来解决这一问题。

（3）提高植物分类的实时性。针对每类植物叶片的图像，开展单独的字典学习，得到一个较小的超完备字典，由此计算待识别图像的稀疏表示。该方法可以在植物叶片图像分类的训练阶段离线开展，训练的字典可降低植物分类阶段的计算复杂度，以适应植物自动识别系统的实时性要求。

假设用一个 $M×N$ 的矩阵表示数据集 X，每一行代表一个样本，每一列代表样本的一个属性，一般而言，该矩阵是稠密的，即大多数元素不为 0。稀疏表示的含义是，寻找一个系数矩阵 A（$K×N$），以及一个字典矩阵 B（$M×K$），使得 $B×A$ 尽可能地还原 X，且 A 尽可能稀疏。如此，A 便是 X 的稀疏表示。周志华认为："对于普通密集表达的样本，找到合适的字典，将样本放入合适的稀疏表示中，使学习任务简化，降低模型复杂度，常被称为'字典学习'（Dictionary Learning），也被称为'稀疏编码'（Sparse Coding）"。[①] 字典学习的最简单形式是：

$$\min_{B,\ \alpha_i} \sum_{i=1}^{m} \|x_i - B\alpha_i\|_2^2 + \lambda \sum_{i=1}^{m} \|\alpha_i\|_1 \tag{9-1}$$

式中，x_i 为第 i 个样本，B 为字典矩阵，α_i 为 x_i 的稀疏表示，λ 为大于 0 的参数。式（9-1）中第一个累加项说明了字典学习的第一个目标是字典矩阵与稀疏表示的线性组合尽可能地还原样本；第二个累加项说明了 α_i 应该尽可能稀疏。之所以用 l_1 范式是因为 l_1 范式正则化后更容易获得稀疏解。字典学习便是学习出满足上述最优化问题的字典 B，以及样本的稀疏表示 A（A $\{\alpha_1,\ \alpha_2,\ \cdots,\ \alpha_i\}$）。

字典学习算法理论包含两个阶段：字典构建阶段（Dictionary Generate）

---

① 周志华. 机器学习［M］. 北京：清华大学出版社，2016.

和利用字典（稀疏的）表示样本阶段（Sparse Coding With a Precomputed Dctionary）。这两个阶段中的任一阶段都有许多不同的算法可供选择，由于每种算法的诞生时间都不一样，以至于稀疏字典学习理论的提出者已变得不可考。

字典学习算法的好处包括：（1）它实质上是对庞大数据集的一项降维表示；（2）字典学习总是尝试学习蕴藏在样本背后最质朴的特征（假如样本最质朴的特征就是样本最好的特征）。稀疏表示的本质是用尽可能少的资源表示尽可能多的知识，这种表示还能带来一个附加的好处，即计算速度快。我们希望字典里的字尽可能少，但却能表示尽可能多的句子，这样的字典最容易满足稀疏条件。

字典可以分为两种：第一种是算法表现出来的而不是矩阵结构的隐性字典（Implicit Dictionary），比如 Curvelet、Wavelet 和 Contourlet 等；第二种是表现为一项显性矩阵，即通过机器学习从样本中获取的字典（Explicit Matrix,）比如 PCA、MOD、GPCA 和 K-SVD 等。第二种字典的优点是思路比较灵活，缺点是耗时和耗费资源（肖玲，2013；张善文，2017；向阳，2017）。

9.1　基于稀疏表示的植物分类方法

利用稀疏表示开展植物识别研究，不需要从叶片图像中提取分类特征；而是直接对叶片图像开展操作，构建一个超完备字典，利用待识别叶片图像的稀疏系数的残差来识别该图像的类别。

9.1.1　基本思路

利用叶片图像识别植物类别是在给定的多类叶片图像样本的训练集中，确定要识别的叶片图像的植物类别。基于稀疏表示的模式识别问题可以描述为：

（1）将所有图像（假设维数为 $w \times h$）拉长为长度 $m = w \times h$ 的列向

量，下面所提到的图像都为向量化图像。

（2）稀疏表示。设 $y = Gx$，其中 $y \in \mathbb{R}^m$ 是待识别的叶子图像，$G \in \mathbb{R}^{m \times n}$ 是一个完整字典，由训练图像数据集构成，训练图像的数目用 n 表示，1 个训练图像矢量化为 1 列，即 1 个原子。矩阵 G 是超完备字典，且 $m < n$；输入图像在超完备字典上的 n 维稀疏表示用 $x \in \mathbb{R}^m$ 表示，它是稀疏系数，其中大部分系数为 0 或接近 0。为识别一幅叶片图像 $g_{k,\,test}$ 所属的植物类别，将训练集中 k 种植物的所有叶片图像向量一一作为基向量，构成一个字典矩阵 G：

$$G = [G_1,\ G_2,\ \cdots,\ G_k] = (g_{1,1},\ g_{1,2},\ \cdots,\ g_{K,\,n_k})^{\mathrm{T}} \in \mathbb{R}^{m \times n} \quad (9\text{-}2)$$

式中，$n = n_1 + n_2 + \cdots + n_k$，$n_i$ 为第 i 类植物的叶片图像数（$i = 1, 2, \cdots, k$）。

考虑到实际计算过程中难免会出现一些误差，因此利用字典 G 表示待识别的 $g_{k,\,test}$ 时，可用式（9-3）表示：

$$g_{k,\,test} = G\alpha + \varepsilon \in \mathbb{R}^m \quad (9\text{-}3)$$

式中，$\alpha = [0,\ \cdots 0,\ \alpha_{k,1},\ \alpha_{k,2},\ \cdots,\ \alpha_{k,\,n_i},\ 0,\ \cdots 0]^{\mathrm{T}} \in \mathbb{R}^n$，$\alpha$ 的系数中只有与第 k 类对应的不为 0，其余的都为 0，因此 α 是一个稀疏向量；$\varepsilon \in \mathbb{R}^m$ 为观测噪声，由光照变化、位置变化和遮挡等非理想情况下输入叶片图像与训练叶片图像之间的误差引起。

（3）类别识别。利用二次约束下最小化 l_1 范数求解式（9-3）：

$$\hat{\alpha} = \arg\min \|a\|_1, \quad s.t.\ \|g_{k,\,test} - Ga\|_2 \leqslant \varepsilon \quad (9\text{-}4)$$

若待识别叶片图像的向量 $g_{k,\,test}$ 属于第 k 类，则在理想情况下，解向量 α 中只有与第 k 类中训练样本对应的元素不为 0，而其余的元素都为 0。但在实际中，难免有噪声干扰，使得矢量 α 中非零元素也可能会出现在其他位置。计算待识别的叶片图像与训练集中每类植物的所有叶片图像的线性加权的差值 $r_i(g_{k,\,test})$，则有

$$r_i(g_{k,\,test}) = \|g_{k,\,test} - G\delta_i(\hat{\alpha})\|_2,\ i = 1, 2, \cdots, k \quad (9\text{-}5)$$

$\delta_i(\hat{\alpha})$ 为提取的 SR 系数 $\hat{\alpha}$ 中与第 i 类的所有训练叶片图像向量对应的系数，而其余的系数均为 0。

选择差值最小的 $r_i(g_{k,\,test})$ 所属的类别，即为待识别叶片图像的最终的类别识别结果。

9.1.2 基于类的字典学习

字典学习是一项构造稀疏表示最优基的方法。该方法不仅可满足稀疏表示的唯一性约束条件，同时能够更稀疏、更精确地表示待识别样本。采用基于类的字典学习方法，对同一类的训练样本通过 K 奇异值分解（K-SVD）算法，得到该类别的超完备字典，如果进一步压缩该字典，则可以构成一个元素更少的集合。针对每类叶片图像开展字典学习后，构成的超完备字典能更有效地表示该类叶片的图像。

针对 K 个不同的植物类别，分别通过 K-SVD 算法构建相应的字典 D_1，D_2，$\cdots$，D_K。基于 K-SVD 算法的优化问题可表示为

$$< D_i,\ X_i > = \underset{D_i,\ X_i}{\mathrm{argmin}} \|G_i - DX\|_2^2, \quad s.t.\ \forall n,\ \|x_n\|_0 \leq \delta \qquad (9\text{-}6)$$

式中，矩阵 $G_i \in \mathbb{R}^{m \times N}$ 中的列为训练集中第 i 类的所有样本；$D_i = [d_1^i,\ \cdots,\ d_K^i] \in \mathbb{R}^{m \times K}$ 中的元素 d_j^i 为第 i 类的子字典 D_i 中的第 j 列；稀疏限定因子 δ 为稀疏表示的系数中非零分量的数目的上限。

式（9-6）的求解是一个迭代过程，即在得到的字典 D 上求稀疏矩阵 X，然后根据 X 找到更好的 D。逐列更新 D，直到最后优化问题收敛。

给定训练样本 $\{g_i\}_{i=1}^n$，以及目标字典原子数 K 和收敛条件，通过下列步骤找到最佳的超完备字典 $D \in \mathbb{R}^{m \times K}$：

（1）设置初始字典矩阵 $D^{(0)} \in \mathbb{R}^{m \times K}$ 且列向量已开展了归一化，设 $p = 1$；

（2）对每个样本 g_i（$i = 1,\ 2,\ \cdots,\ n$），采用正交匹配跟踪算法求解最优化问题，$\underset{x_i}{\min}\{\|g_i - Dx_i\|_2^2\}$，$s.t.\ \|x_i\|_0 \leq \delta$，得到向量 x_i；

（3）对字典矩阵 $D^{(J-1)}$ 的每一列按以下各式逐列更新：

①定义一组使用了该字典原子的数据样本 $\omega_K = \{i\,|\,1 \leq i \leq N,\ x_T^K(i) \neq 0\}$；

②计算误差矩阵 $E_K = G - \sum\limits_{j \neq K} d_j x_T^j$;

③由 E_K 选出仅和 ω_K 相对应的列，得到 E_K^R ;

④对 E_K^R 开展 K-SVD 分解，可得 $E_K^R = U\Delta V^{\mathrm{T}}$，更新的字典列 $\bar{d}_K$ 为 U 的第一列，用 V 的第一列与 $\Delta(1, 1)$ 的乘积更新 x_R^K。

（4）若满足收敛条件则停止，否则 $p = p + 1$，转到步骤（2）。

通过上面分析可知，基于类学习稀疏表示的植物分类方法可描述如下：

（1）初始化参数，设置每种类字典的大小 K、稀疏限定因子 δ 和误差容忍参数 ε ;

（2）针对每类植物叶片图像的训练样本，利用 K-SVD 算法得到每类叶片图像的超完备字典；

（3）把学习后的每类叶片图像的超完备字典拼接成一个冗余字典，并对字典的各列进行归一化处理；

（4）通过求解最小化 l_1 范数问题得到稀疏系数；

（5）计算残差，选择最小差值所对应的样本类别为待识别样本最终的识别结果。

9.1.3　算法复杂度分析

基于稀疏表示的植物分类方法是将所有训练叶片图像作为稀疏表示的冗余字典。理论上，对于每幅待识别的叶片图像，计算其稀疏表示的时间复杂度为 $O(t^2 n)$，n 为训练样本数，t 为所求系数向量中非零元素的个数；但是，实际所求的系数向量并非最佳的稀疏表示向量，其中包含了很多数值非常小的非零向量，使得时间复杂度趋近 $O(n^3)$。因此，当叶片图像集中训练样本的数目比较大时，基于稀疏表示的识别方法的计算复杂度较高，限制了该方法在实时植物识别系统中的应用。为了克服稀疏表示的计算复杂度较高问题，本章采用 K-SVD 算法，通过迭代不断修正样本的稀疏编码，来实现字典的动态更新，以求得到能更好地表示样本的字典。在实际应用中，我们根据植物分类系统的实时性要求，采用字典学习方法寻求一个较小且满足条件的超完备字典来计算测试样本的稀疏表示，这极大缩短了算法的计算时间。

9.2　实验结果与分析

9.2.1　实验简述

将本章介绍的基于稀疏表示的植物分类方法在中科院合肥智能机械研究所智能计算实验室公开的叶片图像数据集 1.0 ①上开展验证实验。该数据集包含 220 多类 17000 多幅植物叶片的图像。在实验中，从数据集中选择 20 种植物叶片图像（见图 9-1），每种植物选择在不同季节、光照和姿态等拍摄条件下的 15 幅图像。为了验证该方法的有效性，分别对 BPNN、SVM、ML 和本章方法等 4 种植物分类方法进行比较。

图 9-1　20 种植物叶片图像

在 MATLAB7.0 开发环境下，编程实现 BPNN、SVM、ML 和本章的方法。系统硬件配置是内存 2GB，奔腾 CPU E5300 2.60 GHZ。稀疏表示的求解最小化 l_1 范数采用 MATLAB 的 K-SVD 字典学习的工具包和求解优化问题的 SPGL1 工具包，基于神经网络的分类方法采用 MATLAB 的 NN toolbox 中提供的 newff 和 train 等函数，支持向量机采用 MATLAB 的 NN toolbox

---

① http：//www. intelengine. cn/dataset/index. html.

LIBSVM。

如图 9-2 所示，这是在不同季节、光照和角度等条件下的 15 幅化香叶片图像，从图中可以看到这些叶片在形状、大小、颜色和纹理等方面的差异较大。

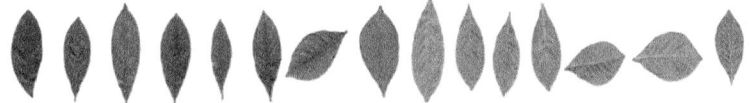

图 9-2　不同季节、光照和角度下的 15 幅化香叶片图像

接下来验证本章提出的基于稀疏表示方法的有效性。在开始实验之前，需要对所有叶片的图像开展剪切、对齐、平滑滤波和灰度化等预处理操作。获取的叶片图像是 RGB 彩色图像，为了消除叶柄对分类结果的影响，我们人为地去除植物叶柄。由于叶片在不同季节的颜色会不同，而且同一幅图像因光照角度不同颜色也会出现非常大的差别，因此对其进行灰度图转换，即将彩色图像转换为灰度图像，以消除颜色对分类结果的干扰。由彩色图像转化为灰度图像的公式如下：

$$Y = 0.2989R + 0.5870G + 0.1141B \tag{9-7}$$

式中，R、G 和 B 分别表示红、绿和蓝等 3 个分量，Y 表示灰度值。

实际采集的叶片图像都含有噪声，本章采用 5 阶平滑滤波来滤除干扰噪声。目标叶片图像在灰度化后可能存在孔洞，进而会对后面的参数提取产生影响，因此对其开展形态学闭运算处理，以消除内部孔洞。如图 9-3 所示，这是化香叶片图像经过对齐和灰度化等预处理操作后的 15 幅图像。之后的步骤是把每幅灰度图像（即矩阵）变成向量。

图 9-3　对化香叶片图像进行对齐和灰度化等预处理操作后的 15 幅图像

1. 向量化图像的长度归一化处理

实际得到的叶片图像向量化后的长度可能不一样。由于冗余字典集 G 中要求所有向量都具有相同的维数，因此本章算法要求所有叶片图像样本的数据向量具有相同的维数，需要将 $g_{i,1}$，$g_{i,2}$，$\cdots$，g_{i,n_i} 和待识别的 $g_{k,test}$ 转换成具有相同维数的一维向量。可以采用线性插值的方法解决样本长短不一致的问题。计算所有叶片图像向量中的最大长度 l_{max}，有

$$l_{max} = \max\{l_{test}，l_1，\cdots，l_L\} \tag{9-8}$$

式中，L 表示在训练集 G 中所有植物叶片向量的数目，l_1，$\cdots$，l_L 表示每个植物叶片图像向量的长度。

对所有采样值长度小于 l_{max} 的叶片图像向量开展长度归一化线性插值运算，则有

$$g(x) = f(x_0)\frac{x - x_1}{x_0 - x_1} + f(x_1)\frac{x - x_0}{x_1 - x_0} \tag{9-9}$$

式中，$f(x_0)$ 和 $f(x_1)$ 分别表示第 x_0 和第 x_1 时刻的采样值，$g(x)$ 表示 $f(x_0)$ 和 $f(x_1)$ 内插值法得到第 x 处的灰度值。

由式（9-9）可知，在训练字典集中，植物的叶片图像向量和待识别植物叶片图像向量的长度相同。

2. 输入图像的有效性判断

一个有效的植物识别算法不仅可以识别叶片图像，还能区分非叶片的图像或非植物叶片图像库中的叶片图像。在识别植物类别前，需要确认每幅图像是否为有效的叶片图像，特别要保证训练集中的图像都是有效的叶片图像。以往的植物识别方法和系统通常根据一幅输入叶片图像与其他叶片图像的残差来决定图像的有效性，而图像通过残差的大小来判断是被接受或拒绝。本章算法只比较输入图像与每一类图像的相似性，而将残差计算与叶片图像数据集中的其他叶片图像的信息相分离。由稀疏表示原理可知，一幅有效图像的稀疏表示系数集中在某一训练样本上，而无效图像的稀疏表示系数分布在多个训练样本上。据此，对训练集中的所有图像计算其稀疏系数 $S(x)$，有

$$S(x) = \frac{n \cdot \max_i \|\delta_i(x)\|_1 / \|x\|_1 - 1}{n - 1} \in [0, 1] \qquad (9\text{-}10)$$

式中，列向量用 $\delta_i(x) \in R^n$ 表示，唯一非零项是 x 中与第 i 个对象对应的非零项，n 是样本数。

若 $S(x) = 1$，则输入图像可由单个对象的图像表示；若 $S(x) = 0$，则其稀疏表示系数遍布整个样本。在实际使用时，设置一个阈值 $\tau \in (0, 1)$。若 $S(x) \geqslant \tau$，则认为输入的叶片图像为有效图像；反之则为无效图像。不过非常难设置合适的 τ 值。一般来讲，不同的分类问题对应的 τ 值不同，为此，本书取默认值为 0.01。

9.2.2　实验结果

在测试过程中，将 20 种且每种含 15 幅共 300 幅的叶片图像分为训练集和测试集两部分。注意，测试集中的叶片图像不会包含在训练集中。采用留一交叉验证（Leave-one-validation）和 3 折交叉验证（3-fold Cross Validation）等方法测试本章所提出方法的有效性，并与现有的 3 种植物分类方法进行性能比较。其中，留一交叉验证法是一种无偏差验证法，是把训练集中留一后的所有样本作为冗余字典。但是，当每类植物的叶片图像非常多时，该方法比较耗时。

如图 9-4 所示，这是基于稀疏表示的叶片图像的稀疏系数和重构残差。如图 9-4（a）所示，这是训练集中 300 幅叶片图像对于待识别叶片图像的稀疏系数。从中可以看出，y 在其所属植物类别的训练样本上的投影系数较大，而在其他类别上仅有少数投影系数不为 0，而且系数值都比较小，由此表明 x 的稀疏性。利用 x 在每个类别上的投影系数近似表示 y，得到重建残差，见图 9-4（b）。从图 9-4（b）中可以看出，第三个训练样本的投影残差最小，可判定其所属的类别为该样本类别，从而得到识别结果。

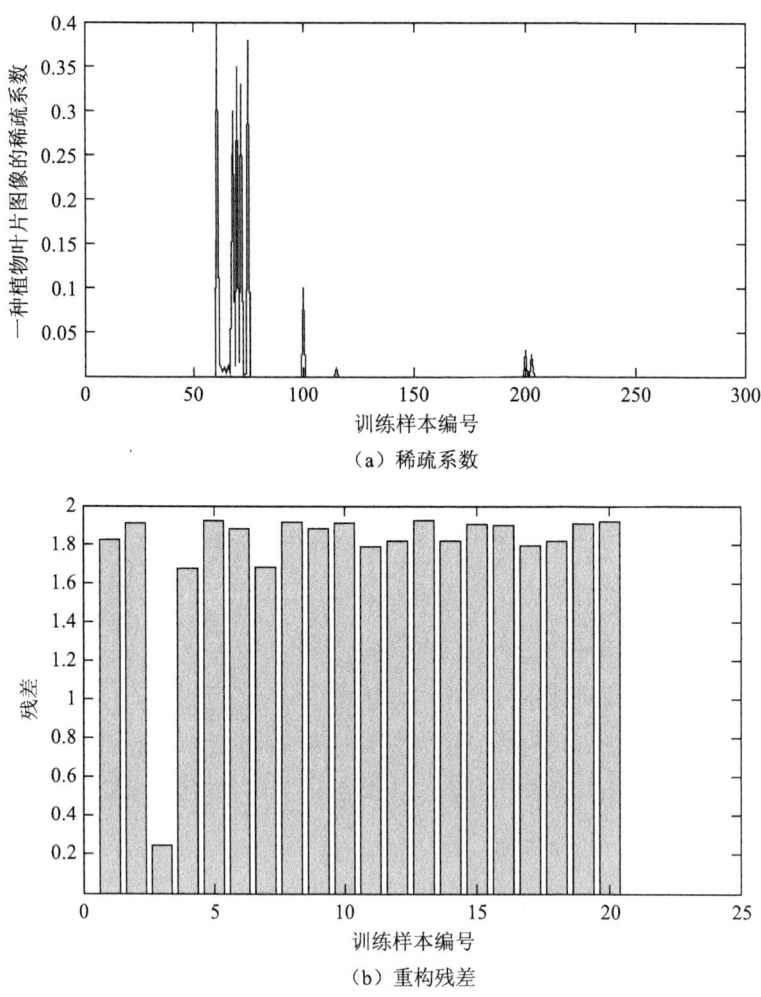

（a）稀疏系数

（b）重构残差

图 9-4 基于稀疏表示的叶片图像的稀疏系数和重构残差

　　针对植物叶片图像数据集中 20 种不同的植物类别，分别对每种植物所构成的训练集样本开展字典学习，构建每种植物叶片图像的超完备字典 D_1，D_2，$\cdots$，D_{20}。观察本章方法的字典学习时参数选取对识别算法的影响，分别选择不同字典尺寸大小 K 的超完备字典和稀疏限定因子 δ 开展植物分类实验。实际上，当 δ 取不同值时，识别准确率的差别不大；K 取值越小，所构建的冗余字典也越小，越有利于进行实时识别。在实验中，我们选择分类率最大时对应的 K 和 δ 作为实验的最佳参数。

如表 9-1 和表 9-2 所示，它们是在叶片图像数据集中的测试样本相同的情况下，分别采用留一交叉验证法和 3 折交叉验证法时，BPNN、SVM、ML 和本章方法对 20 类植物叶片图像的实验结果。表 9-1 中列出的时间为测试一个样本所用的平均时间，它通过测试样本集运行的总时间除以测试样本数得到。SOLPP 是对向量化图像开展维数约简，然后利用 K 最近邻分类器来识别植物类别。

表 9-1　BPNN、SVM、SOLPP 和本章方法对 20 类植物叶片图像的实验结果（留一交叉验证法）

方法	BPNN	SVM	SOLPP	本章方法
识别率（%）	89.15	89.94	92.75	95.71
运行时间（s）	183	168	137	114

表 9-2　BPNN、SVM、SOLPP 和本章方法对 20 类植物叶片图像的实验结果（3 折交叉验证法）

方法	BPNN	SVM	SOLPP	本章方法
识别率（%）	88.52	89.06	92.12	95.04
运行时间（s）	135	118	105	89

9.2.3　实验分析

为了得到更高的识别率，对 BPNN 和 SVM 的多项参数进行优化。SOLPP 是一种监督流形学习方法，该方法充分利用了样本的类别信息和局部结构信息。虽然 SOLPP 的识别率较高，但该类方法较复杂，而且运行时间较长。本章方法的参数选择相对简单，仅考虑 K 和 δ 及迭代次数，通过设置较小的误差和较大的迭代次数，可获得较高的分类精度。换句话说，与 BPNN 相比，SVM 和 SOLPP 算法更强大。此外，稀疏表示方法不仅可以对图像样本开展分类，而且可以根据最大投影系数，对最接近测试样本的训练样本加以判断，从而确定输入叶片图像的有效性。

将本章所提出的基于类的字典学习应用于植物识别系统，每个类别的训练过程可以并行来完成，当系统要增加一个新的类别时，不需要对整个训练数据开展重新训练。

9.3 小结

由于植物叶片基本处于平面状态，适合进行二维图像加工处理，使得利用叶片图像对植物类别开展自动分类的研究变得非常有意义，同时这也是模式识别领域的一个重要研究方向。随着计算机技术的发展，探索如何利用计算机快速准确地识别植物叶片，是植物分类领域里的一个切实可行的途径。很多基于叶片图像的植物分类方法都需要从叶片图像中提取分类特征。由于叶片的颜色、形状等复杂多样，使得这些方法的识别率不高。

本章提出了一项基于稀疏表示的植物分类方法。该方法将植物分类问题转化为求解待分类图像对于整体训练样本的稀疏表示问题，它直接对原始图像加以处理，而不是进行特征提取操作。该方法利用面向类别的字典学习，求得一个较小的超完备字典来计算待识别图像的稀疏表示，从而减少算法的计算时间，以满足植物分类过程中的实时性要求。本章方法在公开的植物叶片图像数据集上进行了测试，取得了很高的识别率，平均识别率高达95%以上。

参考文献

［1］王丽君，淮永建，彭月橙. 基于叶片图像多特征融合的观叶植物种类识别［J］. 北京林业大学学报，2015，37（1）：55-61.

［2］WANG L J, HUAI Y J, PENG Y C. Method of identification of foliage from plants based on extraction of multiple features of leaf images［J］. Journal of Beijing Forestry University，2015，37（1）：55-61.

［3］陈寅，周平. 植物叶形状与纹理特征提取研究［J］. 浙江理工大

学学报，2013，30（3）：394-399.

[4] CHEN Y, ZHOU P. Research on Shape and Texture Feature Extraction of Plant Leaf Images [J]. Journal of Zhejiang Sci-Tech University, 2012, 30 (3): 394-399.

[5] DU J X, HUANG D S, WANG X F , et al. Leaf shape based plant species recognition [J]. Applied Mathematics and Computation, 2007, 185 (2): 883-893.

[6] DU J X, HUANG D S, WANG X F, et al. Shape Recognition Based on Neural Networks Trained by Differential Evolution Algorithm [J]. Neurocomputing, 2007, 70 (4): 896-903.

[7] LIU J M. A new plant leaf classification method based on neighborhood rough set [J]. Advances in information Sciences and Service Sciences (AISS), 2012, 4 (1): 116-124.

[8] 张善文，王献峰. 基于加权局部线性嵌入的植物叶片图像识别方法 [J]. 农业工程学报，2011，27（12）：141-145.

[9] ZHANG S W, WANG X F. A method of plant leaf recognition based on weighted locally linear embedding [J]. Transactions of the CSAE, 2011, 27 (12): 141-145.

[10] 张善文，张传雷，程 雷. 基于监督正交局部保持映射的植物叶片图像分类方法 [J]. 农业工程学报，2013，29（5）：125-131.

[11] ZHANG S W, ZHANG C L, CHENG L. Plant leaf image classification based on supervised orthogonal locality preserving projections [J]. Transactions of the Chinese Society of Agricultural Engineering (Transactions of the CSAE), 2013, 29 (5): 125-131.

[12] ZHANG S W, LEI Y K. Modified locally linear discriminant embedding for plant leaf recognition [J]. Neurocomputing, 2011, 74: 2284-2290.

[13] YANG M, ZHANG L, YANG J, et al. Robust sparse coding for face recognition [C]//Anon. IEEE Conference on Computer Vision and Pattern

Recognition. ［S. l. ： s. n. ］, 2011：625-632.

［14］LI J, LU C Y. A new decision rule for sparse representation based classification for face recognition ［J］. Neurocomputing, 2013, 116 （20）：265-271.

［15］QIAO L S, CHEN S C, TAN X Y. Sparsity preserving projections with applications to face recognition ［J］. Transactions of the Chinese Society of Agricultural Engineering (Transactions of the CSAE), 2010, 43 （1）：331-341.

［16］YANG M, ZHANG L, FENG X, et al. Fisher discrimination dictionary learning for sparse representation ［C］//Anon. Proceedings of ICCV. ［S. l. ： s. n. ］, 2011：3592-3605.

［17］QIU H N, PHAM D S, VENKATESH S, et al. A fast extension for sparse representation on robust face recognition ［C］//Anon. International Conference on Pattern Recognition. ［S. l. ： s. n. ］, 2010：1023-1027.

［18］LU C Y, HUANG D S. Optimized Projections of Sparse Representation for Classification ［J］. Nuerocomputing, 2013, 113 （3）：213-21.

［19］AHARON, ELAD M, BRUCKSTEIN A. K-SVD：an algorithm for designing over complete dictionaries for sparse representation ［J］. IEEE Transations on Signal Processing, 2006, 54 （11）：4311-4322.

［20］朱明旱，李树涛，叶华. 基于稀疏表示的遮挡人脸表情识别方法 ［J］. 模式识别与人工智能, 2014, 27 （8）：708-712.

［21］ZHU M H, LI S T, YE H. An occluded facial expression recognition method based on sparse representation ［J］. Pattern Recognition and Artificial Intelligence, 2014, 27 （8）：708-712.

［22］肖玲，李仁发，曾凡仔，等. 基于自学习稀疏表示的动态手势识别方法 ［J］. 通信学报, 2013, 34 （6）：128-135.

［23］XIAO L, LI R F, ZENG F Z, et al. Gesture recognition approach based on learning sparse representation ［J］. Journal on Communications, 2013, 34 （6）：128-135.

[24] BERG V D, FRIEDLANDER M P. Sparse optimization with least-squares constraints [R]. Columbia：Dept. of Computer Science, Univ. of British Columbia, 2010.

[25] CAI T T, WANG L. Orthogonal matching pursuit for sparse signal recovery with noise [J]. IEEE Trans. Information Theory, 2011, 57 (7)：4680-468.

[26] LI C G, GUO J, ZHANG H G. Local sparse representation based classification [C]//Anon. Proceedings of the 2010 International Conference on Pattern Recognition. [S. l.：s. n.], 2010：649-652.

[27] ZHANG S W, LEI Y K. Modified locally linear discriminant embedding for plant leaf recognition [J]. Neurocomputing, 2011, 74 (14-15)：2284-2290.

[28] CHANG C C, LIN C J. LIBSVM-A library for support vector machines [EB/OL]. (2010-09-13) [2018-11-08]. http：//www. csie. ntu. edu. tw/~cjlin/libsvm.

[29] KOH K, BOYD S. Simple MATLAB solver for l1-regularized least squares problems [EB/OL]. (2008-05-15) [2018-11-10]. http：//www. stanford. edu/~boyd/l1_ls/.

[30] 肖玲, 李仁发, 曾凡仔, 等. 基于自学习稀疏表示的动态手势识别方法 [J]. 通信学报, 2013, 6：128-135.

[31] 张善文, 孔韦韦, 王震. 基于稀疏表示字典学习的植物分类方法 [J]. 浙江农业学报, 2017, 2：338-344.

[32] 李萍, 张波, 张善文. 基于叶片图像处理和稀疏表示的植物识别方法 [J]. 江苏农业科学, 2016：10.

[33] 李萍, 王乐, 张波. 改进稀疏表示的飞机目标识别算法 [J]. 电光与控制, 2016：5.

[34] 肖玲. 无线体域网中人体动作监测与识别若干方法研究 [D]. 长沙：湖南大学, 2013.

［35］陈寅，周平．植物叶形状与纹理特征提取研究［J］．浙江理工大学学报，2013：5.

［36］单建华，张晓飞．稀疏表示人脸识别的关键问题分析［J］．安徽工业大学学报（自然科学版），2014：6.

［37］陈寅，周平．植物叶形状与纹理特征提取研究［J］．浙江理工大学学报，2013，3：394-398.

［38］努力进行光合作用．周志华《Machine Learning》学习笔记（13）——特征选择和稀疏学习专注于大数据技术研究和应用［EB/OL］.（2017-06-04）［2018-11-10］．https：//blog. csdn. net/u011826404/article/details/72860607.

［39］陈才扣，喻以明，史俊．一项快速的基于稀疏表示分类器［J］.南京大学学报（自然科学版），2012：1.

［40］张宁，刘文萍．基于图像分析的植物叶片识别技术综述［J］.计算机应用研究，2011：11.

［41］张宁．基于图像分析的植物叶片识别算法研究［D］．北京：北京林业大学，2013.

［42］韩璠．基于小波变换与改进局部二进制模式的牧草识别［D］.呼和浩特：内蒙古农业大学，2014.

第10章 环境信息在黄瓜病害识别
方法中的应用研究

现有的植物病害识别方法和系统都在某一方面取得了较好效果，但由于植物病害的种类非常多，不同种类的病害导致植物叶片呈现出不同的症状，使得基于病害叶片的颜色、纹理和形状等的病害识别方法的鲁棒性不高。研究表明，植物病害的发生与气候、气象等自然环境信息紧密相关，了解这些信息将有助于提高植物病害的识别率。

有学者从植物病害与气候、气象等自然条件的相关性入手，研究了植物病害发生和发展的气候、气象预报方法（王淑梅，2009；2010）。有学者研究了气象因子变化规律与黑龙江省林业有害生物种类变化、危害发生程度，及其分布的关系，给出了降水量与林业有害生物发生量之间线性关系成立的结论（邓刚，2012）。实践表明，对同一种病害来说，其发生和发展的气候、气象等一些自然条件较为稳定。如黄瓜霜霉病不适应高温、高湿的天气但耐干燥，在温度为 20～25℃、相对湿度为 70%～85% 时最有可能发病；在雨季来得早、雨量大和雨天多时黄瓜疫病易流行。日常生活中的气候、气象等信息通过网络、报纸和电视等渠道比较容易得到，针对现有的病害识别方法仅利用病害叶片图像来识别植物病害的不足，在病害类别的识别过程中，可充分利用植物的环境信息来提高植物病害的检测速度和精度（王献锋等，2014；张善文等，2018）。

10.1　叶片图像获取

利用数码照相机采集黄瓜的霜霉病、褐斑病和炭疽病的叶片图像。从黄瓜发病初期开始直至病情发展到后期，平均每天拍摄一次病害叶片图像，并记录采集时的气候和气象，如季节、日期、温度、湿度和干旱等环境信息。拍摄前调节相机的白平衡，使拍摄到的图像颜色尽量接近叶片的真实颜色。

选择光照强度适中时进行拍摄，相机不使用闪光灯。固定各种设置，以保证每幅图像都有相同的采集条件。为了得到较清晰的病害叶片图像，拍摄前将一张 A4 白纸置于病叶下方，作为图像背景以消除其他复杂背景的影响。采集黄瓜 3 种病害的叶片图像各 80 幅。把获得的数码叶片图像以 JPEG 格式导入计算机，记录到的病害环境信息以 ACCESS 的文档录入黄瓜叶部病害图像数据集。叶片图像处理和分析软件为 MATLAB7.0。用 MATLAB 7.0 中自带的图像处理和粗糙集工具箱作为图像处理和环境信息处理与分析的平台，数据统计分析采用常用的统计分析软件 SAS。

10.1.1 从环境信息中提取植物病害的分类特征

在大自然复杂的环境下，同种植物的同种病害叶片在形状、纹理、颜色和病斑等特征之间的差异非常大（见图 10-1），使得一般只利用植物病害叶片图像来开展病害识别的方法的鲁棒性不强且准确率不高。研究表明，任何植物病害的发生和发展都需要一定的环境条件。了解植物病害的发生条件和规律有助于提高植物病害识别算法的准确率。如黄瓜灰霉病在高湿（相对湿度 94% 以上）、低温（18~23℃）、光照不足和植株长势弱时容易发生；而当气温超过 30℃，相对湿度不足 90% 时，该病则停止蔓延。因此，该病在冬季低温且光照少的温室内容易发生。黄瓜炭疽病在植物生长的中后期发病较重，主要对叶片部位产生危害。当湿度高达 87%~95% 时发病迅速；在湿度小于 54% 时病害不发生。在地势低洼、通风不良、密度过大、排水不良、氮肥过多、灌水过多和连耕等情况下发病严重。

由此看来，掌握植物病害的环境信息和发生规律有助于快速、准确地预测和识别植物病害。为此，在病害识别过程中：首先，应该搜集与病害发生相关的环境信息，建立每类病害的自然环境信息表（见表 10-1）；其次，量化或离散化该信息表；最后，利用属性约简方法从信息表中删除对病害分类不重要的属性。通过上述步骤，可以获得季节、温度、湿度、降雨量和光照等 5 个对病害产生影响较大而且在实际生活中比较容易得到的信息，由此构成基于环境信息的植物病害识别的分类特征向量，记为 L_1。

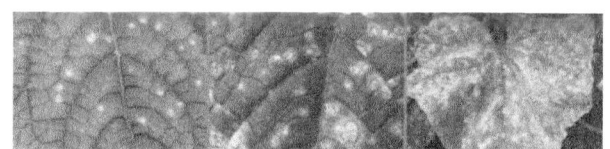

图 10-1　黄瓜褐斑病叶片图像（初期、中期、后期）

表 10-1　黄瓜叶部病害的环境信息表

病害类别	环境信息						
	季节日期	温度（℃）	湿度（%）	降雨量	光照	症状	连耕
霜霉病	4 月 10 日	30	25	中	一般	明显	否
褐斑病	3 月 10 日	26	27	大	中	明显	否
炭疽病	6 月 10 日	25	80	小	强光	重	是

10.1.2　叶片图像与环境信息相结合的病害识别方法

通过对采集到的病害叶片图像开展平滑、增强、中值滤波、分割和变换等预处理操作并得到较清晰的病斑图像后，再进行如下 3 步：

（1）分别计算病斑图像的 RGB、HIS 和 YCbCr 颜色空间的颜色成分 R、G、B 和 H 的均值、方差、峰值、偏度、能量与熵，以及 Cb 和 Cr 的均值等共 26 个统计特征，它们构成了病害的颜色分类特征（岑喆鑫，2007）；（2）分别计算病斑区域的圆形度、偏心率、形状复杂性和形状参数等 4 个统计特征，它们构成了病害的形状分类特征（柴阿丽，2010）；（3）利用灰度共生矩阵法分别计算病斑区域的对比度、相关性、能量、惯性矩和熵等 5 个统计特征，它们构成了病害的纹理特征（柴阿丽，2010）。由以上 3 个步骤可以得到病斑图像的颜色、纹理和形状等 35 个统计特征，它们构成了植物病害叶片的分类特征向量，记为 L_2。

在采集病害叶片图像的同时，记录植物病害的环境信息，根据本章 10.1.1 节由环境信息可以得到病害的环境分类特征向量 L_1。由 L_1 和 L_2 构成维数为 35+5＝40 的植物病害的联合分类特征 L, $L = [L_1, L_2]$。由于 L 中的分类特征的分量较多，且各个分量对病害分类模型或识别算法的贡献大小不一，为了有效实现对病害的识别，需要从 L 中选择最能反映分类本质的特征分量。

我们采用逐步判别分析法选择对病害分类贡献大的特征分量。其基本思路是：从分类模型中不包含变量特征分量开始，把模型外对模型的判别效果贡献最大的特征分量加入模型中，同时把已经在模型中但又不符合模型分类条件的特征分量剔除，上述的每一步都需要对模型进行检验。

为了简单起见，在建立分类模型前本章采用 SAS 中逐步判别分析法的命令"proc stepdisc"，从 L 中选出贡献最大的前 10 个特征，再对其进行归一化处理，构成最终的分类特征向量，记为 $X = (x_1, x_2, \cdots, x_{10})$。

植物病害识别问题可以描述为：假设训练样本集中有 C 类病害的 n 个黄瓜病斑图像，第 j 类病害的第 i 个病斑的特征向量记为 $X_i^j = (x_{i1}^j, x_{i2}^j, \cdots, x_{i10}^j)$, $i = 1, 2, \cdots, n$, $j = 1, 2, \cdots, n_j$, n_j 为第 j 类病害的样本数。分别计算第 j 类病害的聚类特征中心向量 $\bar{X}^j = (\bar{x}_1^j, \bar{x}_2^j, \cdots, \bar{x}_{10}^j)$，其中 $\bar{x}_m^j = \dfrac{1}{n_j} \sum\limits_{i=1}^{n_j} x_{im}^j$。

对于测试集中的任意一个待识别的病害叶片，计算其特征向量 $Y = (y_1, y_2, \cdots, y_{10})$。然后，计算 Y 与 $\bar{X}^j (j = 1, 2, \cdots, C)$ 之间的隶属度，则最大隶属度所对应的病害类别为待识别病斑图像的类别。

10.2 实验结果与分析

10.2.1 实验简述

选取黄瓜最常见的 3 种病害——霜霉病、褐斑病和炭疽病的叶片图像及其对应的环境信息，采用 MATLAB7.0 中的图像处理、粗糙集工具箱和 SAS 中逐步判别法来实现对病害的识别。如表 10-2 和表 10-3 所示，它们分别为 3 种病害的环境信息示例及其对应的离散化处理结果；如图 10-2 所示，这是黄瓜 3 种病害的叶片图像及其对应的病斑分割结果。

表 10-2　黄瓜叶部病害的环境信息表示例

病害类别	环境信息					
	季节日期	温度（℃）	湿度（%）	降雨量	光照	症状
霜霉病	4月1日	8	54	小	中	无
	4月2日	19	65	中	中	不明显
	4月3日	18	78	大	中	明显
	4月4日	20	80	中	中	严重
	4月5日	26	70	大	小	无
	4月6日	29	80	中	中	无
	4月7日	28	72	中	大	不明显
褐斑病	3月10日	18	87	小	小	无
	3月11日	20	80	中	中	明显
	3月12日	22	90	大	中	明显
	3月13日	29	60	大	大	不明显
	4月1日	26	87	中	中	明显
	4月2日	30	57	小	中	不明显
	4月3日	29	70	大	中	明显
	4月4日	30	90	大	中	严重
炭疽病	5月1日	20	68	大	大	不明显
	5月2日	22	87	大	中	明显
	5月3日	27	57	大	中	无
	6月1日	26	90	大	大	严重
	6月2日	23	97	大	强	明显
	6月3日	26	90	中	大	明显
	6月4日	26	60	大	强	不明显
	6月5日	25	80	小	强	严重

表 10-3　信息表 10-2 的离散化处理结果

病害类别	环境信息					
	季节日期	温度	湿度	降雨量	光照	症状
霜霉病	2	1	1	1	2	0
	2	2	1	2	2	1
	2	2	2	3	2	2
	2	2	3	2	2	3
	2	3	1	3	1	0
	2	4	2	2	2	0
	2	4	2	2	3	1
褐斑病	1	2	3	1	1	0
	1	2	2	2	2	2
	1	2	3	3	2	2
	1	4	1	3	3	1
	2	3	3	2	2	2
	2	4	1	1	2	1
	2	4	2	3	2	2
	2	4	3	3	2	3
炭疽病	3	2	1	3	3	1
	3	3	3	3	2	1
	3	3	1	3	2	0
	4	3	3	3	3	3
	4	2	3	3	4	2
	4	3	3	2	3	2
	4	3	1	3	4	1
	4	3	2	1	4	3

　　从每类 80 幅病害叶片图像中随机选取 30×40 像素的子图像 50 幅（共150 幅）作为训练样本，剩余的 90 幅作为测试集。首先，对每幅图像开展预处理操作，并利用基于统计模式的识别方法来分割病斑图像；其次，计算每幅叶片图像的环境信息特征向量 L_1，以及叶片病斑图像的颜色、形状和纹理的特征向量 L_2，两者构成联合向量 $L = [L_1, L_2]$。

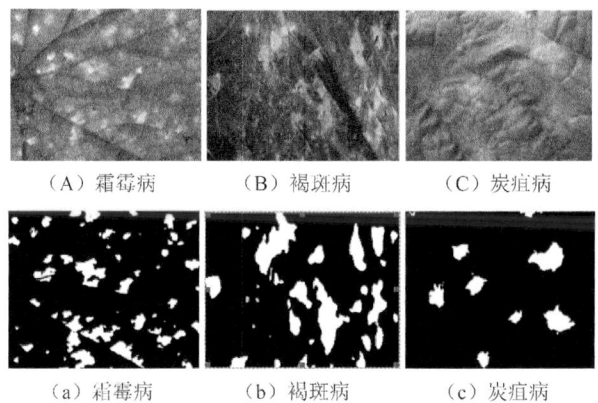

（A）霜霉病　　　　（B）褐斑病　　　　（C）炭疽病

（a）霜霉病　　　　（b）褐斑病　　　　（c）炭疽病

图 10-2　黄瓜 3 种病害的叶片图像及其对应的病斑分割结果

在完成上述步骤后，采用 SAS 的命令"proc stepdisc"从 L 中选出贡献最大的前 10 个特征分量。对于测试集中待识别的病斑样本 Y 也同样提取 10 个特征向量分量。首先，分别计算黄瓜 3 种病害的聚类特征中心向量；其次，分别计算样本 Y 与 3 个聚类特征中心向量的隶属度，确定 3 个隶属度中的最大值所对应的类别；最后，根据最大隶属度准则，输出样本 Y 的分类结果。

10.2.2　实验结果

如表 10-4 所示，这是应用上述病害识别模型对 3 种黄瓜病害进行实验的结果。

表 10-4　在测试样本集上的病害实验结果

病害类别	样本数（幅）	识别数（幅）	识别率（%）
霜霉病	30	27	90.00
褐斑病	30	28	93.33
炭疽病	30	29	96.67
合计	90	84	93.33

为了验证本章所提出的病害识别方法的有效性，将本章方法与不考虑环境信息的基于图像的处理技术（Image Processing，IP）和基于色度和纹

理（Color and Texture，CT）的黄瓜病害识别方法的识别结果进行比较。对3种方法中的每一种都重复进行上述实验 50 次，记录每次实验中各个算法的最高识别率，然后再计算 50 次最高识别率的平均值，便可以得到各个算法的实验结果（见表 10-5）。

表 10-5　3 种病害识别方法在测试样本集上的病害实验结果

方法	IP	CT	本章方法
识别率和方差（%）	89.11±1.53	91.42±1.30	93.37±1.25

10.2.3　实验分析

由表 10-5 可知，本章提出的黄瓜病害识别方法的识别率最高。从实验中得知，若利用没有约简的 $L = [L_1, L_2]$ 中的全部 40 个特征向量则对病害识别的准确率仅为 77.45%。这是因为 40 个特征向量中存在一些冗余特征向量，有些特征向量甚至还会影响病害的识别率。

在实验过程中，发现 3 种方法对于黄瓜中度病害的识别率都要略高于轻度病害和重度病害。这是因为发病初期的病斑较小、症状较轻，叶片的完整度与无病害情况相似；而到了发病后期，无论哪种病害，都会导致叶片出现大面积干枯、坏死等情况，而且病斑颜色也从最初的绿色逐渐变成灰褐色，而且叶片还会出现萎缩现象，这就使后期提取的特征之间的差异不再明显，从而导致识别误差增大。但是，本章算法的识别精度可以通过加大训练样本量的措施来提高，从总体上来看本章方法的识别精度较好，可以用于现实生活中。

10.3　小结

植物保护领域专家在识别植物病害过程中，往往综合考虑植物病害发生的时间、地点、发病外部环境和病斑是否突起等因素，以此作为诊断的重要依据。但在很多基于叶片图像的病害识别算法中，由于图像是病害识别信息的唯一载体，当病害样本转换为图像后，发病的时间、地点和外部环境条件等信息均被消除，导致它们的识别率不高。本章方法则充分利用了这些因素，用它们来辅助对病害图像的识别。实验结果表明，利用计算机视觉和数理统计技术并结合病斑的颜色、纹理和形状等特征，以及病害的环境信息来对植物病害加以识别是可行的。

参考文献

［1］SAMMANY M，ZAGLOUL K. Support vector machine versus an optimized neural networks for diagnosing plant disease［A］．［S. l.］：Proceeding of 2nd International Computer Engineering Conference，IEEE（Egypt section），2006：25-31.

［2］SAMMANY M，MEDHAT T. Dimensionality reduction using rough set approach for two neural networks-based applications［A］．Rough Sets and Intelligent Systems Paradigms，Heidelberg：Springer Berlin，2007：639-647.

［3］CAMARGO A，SMITH J S. Image pattern classification for the identification of disease causing agents in plants［J］．Computers and Electronics in Agriculture，2009，66（1）：121-125.

［4］王克如.基于图像识别的植物病虫草害诊断研究［D］.北京：中国农业科学院，2005.

［5］王海光，马占鸿，王韬，等.高光谱在小麦条锈病严重度分级识别中的应用［J］.光谱学与光谱分析，2007，27（9）：1811-1814.

［6］王娜，王克如，谢瑞芝，等.基于 Fisher 判别分析的玉米叶部病害图像识别［J］.中国农业科学，2009，42（11）：3836-3842.

［7］岑喆鑫，李宝聚，石延霞，等.基于彩色图像颜色统计特征的黄瓜炭疽病和褐斑病的识别研究［J］.园艺学报，2007，34（6）：1425-1430.

［8］田有文，李成华.基于图像处理的日光温室黄瓜病害识别的研究［J］.农机化研究，2006，2：151-153.

［9］田有文，李天来，张琳，等．高光谱图像技术诊断温室黄瓜病害的方法［J］.农业工程学报，2010，26（5）：202-206.

［10］王树文，张长利．基于图像处理技术的黄瓜叶片病害识别诊断系统研究［J］.东北农业大学学报，2012，43（5）：69-73.

［11］施伟民，杨昔阳，李志伟．基于半监督模糊聚类的黄瓜霜霉病受害程度识别研究［J］.福建师范大学学报（自然科学版），2012，28（1）：33-38.

［12］刘君，王振中，李宝聚，等．基于图像处理的植物病害自动识别系统的研究［J］.计算机工程与应用，2012，48（13）：154-158.

［13］王淑梅．基于气象视角的农作物病虫害预测预报研究概况［J］.中国植物保护导刊，2009，12：13-16.

［14］王淑梅．气象条件与农作物病虫害预报和防治［J］.世界农业，2010，2：55-57.

［15］邓刚．气象因子的变化对黑龙江省森林病虫害影响的研究［D］.哈尔滨：东北林业大学，2012.

［16］陈怀亮，张弘，李有．农作物病虫害发生发展气象条件及预报方法研究综述［J］.中国农业气象，2007，28（2）：212-216.

［17］田有文，李成华．基于统计模式识别的植物病害彩色图像分割方法［J］.吉林大学学报（工学版），2004，34（2）：291-293.

［18］ZDZISLAW P．Rough set theory and its applications［J］.Journal of Telecommunications and Information Technology，2002，3：7-10.

［19］濮永仙，余翠兰．基于双编码遗传算法的支持向量机植物病害图像识别方法［J］.贵州农业科学，2013，41（7）：187-190.

［20］PIYUSH C，ANAND K. CHAUDHARI D. Color transform based approach for disease spot detection on plant leaf［J］.International Journal of Computer Science and Telecommunications，2012，3（6）：65-69.

［21］柴阿丽，李宝聚，石延霞，等．基于计算机视觉技术的番茄叶部病害识别［J］.园艺学报，2010，37（9）：1423-1430.

［22］田有文，李天来，李成华，等．基于支持向量机的葡萄病害图像识别方法［J］.农业工程学报，2007，23（6）：175，180.

［23］耿长兴，张俊雄，曹峥勇，等．基于色度和纹理的黄瓜霜霉病识别与特征提取［J］.农业机械学报，2011，42（3）：170-174.

［24］王献锋，张善文，王震，等．基于叶片图像和环境信息的黄瓜病害识别方法［J］.农业工程学报，2014.

［25］田凯，张连宽，熊美东，等．基于叶片病斑特征的茄子褐纹病识别方法［J］.农业工程学报，2016.

［26］张善文，张传雷．基于局部判别映射算法的玉米病害识别方法［J］.农业工程学报，2014.

［27］田凯．基于图像处理的茄子叶部病害识别方法研究［D］.广州：华南农业大学，2016.

［28］佚名．基于 Fisher 判别分析的玉米叶部病害图像识别［EB/OL］.［2018-11-11］.http：//wenku. baidu. c，2012.

［29］佚名．基于 Fisher 判别分析的玉米叶部病害图像识别［EB/OL］.［2018-11-11］.http：//wenku. baidu. c，2017.

［30］谭文学．基于机器学习的植物病害图像处理及病变识别方法研究［D］.北京：北京工业大学，2016.

［31］王娜，王克如，谢瑞芝，等．基于 Fisher 判别分析的玉米叶部病害图像识别［J］.中国农业科学，2009.

［32］王旭启，张善文，王献锋．基于不变矩的植物病害识别方法［J］.江苏农业科学，2014.

［33］王树文，张长利，房俊龙，等．基于图像处理技术的黄瓜叶片病害识别的研究［C］//佚名.黑龙江省农业工程学会 2011 学术年会论文集．［出版地不详：出版者不详］，2011.

［34］柴阿丽．基于计算机视觉和光谱分析技术的蔬菜叶部病害诊断研究［D］.北京：中国农业科学院，2011.

［35］柴阿丽，李宝聚，石延霞，等．基于计算机视觉技术的番茄叶

部病害识别〔J〕.园艺学报，2010.

　　〔36〕柴阿丽，廖宁放，田立勋，等.基于高光谱成像和判别分析的黄瓜病害识别〔J〕.光谱学与光谱分析，2010.

　　〔37〕张会敏，张云龙，张善文，等.基于区分矩阵的属性约简算法的植物病害识别方法〔J〕.江苏农业科学，2015.

　　〔38〕岑喆鑫，李宝聚，石延霞，等.基于彩色图像颜色统计特征的黄瓜炭疽病和褐斑病的识别研究〔J〕.园艺学报，2007.

　　〔39〕牛冲，牛昱光，李寒，等.基于图像灰度直方图特征的草莓病虫害识别〔J〕.江苏农业科学，2017.

　　〔40〕柴阿丽，李宝聚，王倩，等.基于计算机视觉技术的番茄叶片叶绿素含量的检测〔J〕.园艺学报，2009.

　　〔41〕王敏.多向联想记忆神经网络的多稳定性及其在多模式识别中的应用〔D〕.长沙：湖南农业大学，2014.

　　〔42〕杜海顺，蒋曼曼，王娟，等.一项用于农作物叶部病害图像识别的双权重协同表示分类方法〔J〕.计算机科学，2017.

第11章　基于判别映射分析的
植物叶片分类方法

　　植物分类是植物学科中最古老和最具综合性的研究内容，是植物学研究和农业生产的基础性研究工作。这项研究工作对于鉴别植物种类，探索植物物种间的亲缘关系，阐明植物系统的进化规律具有重要的意义。目前，植物分类的方法和技术有很多，除经典的形态分类学外，结合现代实验技术还发展出植物细胞分类学、植物化学分类学、植物血清分类学和植物遗传分类学。相对而言，经典的植物分类方法，即形态分类方法比较容易掌握，而且非常适用于野外活体植物识别。

　　从目前的研究结果来看，植物的叶片图像是最主要的研究对象，根据植物的叶片图像提取特征进行植物分类与识别是目前较为有效的方式之一，也是未来植物数字化研究的一种发展趋势。维数约简是植物叶片分类的一个关键步骤，而流形学习则是针对非线性、高维且复杂数据约简的一种有效方法。

　　流形学习的一个目标是寻找一个映射使得邻域内不同类数据点之间的边界最大化。特别地，数据点映射后在子空间内使得同类数据点更聚集，而不同类数据点更分散。基于这个目标，本章提出了一种判别映射分析算法，并应用于植物叶片的分类过程中。

　　本章方法在瑞典植物叶片数据集上进行了检验，结果表明该方法是有效可行的。

11.1　最大边缘准则（MMC）

设 $X = [x_1, x_2, \cdots, x_n] \in \mathbb{R}^{D \times n}$ 为高维观测空间的 n 个 D 维数据，流形学习的目的就是找出高维数据集 X 在本征低维空间的嵌入结果 $Y = \{y_1, y_2, \cdots, y_n\} \in \mathbb{R}^{d \times n}$，$d \ll D$。MMC 算法是基于最大化类间平均边缘来寻找最优的线性子空间。设 S_w 和 S_b 分别表示样本的类内散度矩阵和类间散度矩阵，则有

$$S_w = \sum_{i=1}^{c} \sum_{j=1}^{n_i} (x_j^i - m_i)(x_j^i - m_i)^{\mathrm{T}} \tag{11-1}$$

$$S_b = \sum_{i=1}^{c} n_i (m_i - m)(m_i - m)^{\mathrm{T}} \tag{11-2}$$

式中，c 是样本类别数目，m 是总的样本均值向量，m_i 是第 i 类样本的均值向量，n_i 表示第 i 类样本数，x_j^i 表示第 i 类的第 j 个样本。MMC 算法在投影矩阵 W 下的目标函数可以表示为

$$J(W) = tr\{W^{\mathrm{T}}(S_b - S_w)W\} \tag{11-3}$$

可以把式（11-3）的解转换为利用特征值分解法求下面的特征方程：

$$(S_b - S_w)w = \lambda w \tag{11-4}$$

11.2　判别映射分析算法（DPA）

最大边缘准则虽然是一种有效监督的维数约简方法，但它没有利用数据的局部信息，因此不能有效解决高维复杂数据的分类问题。本章基于最大边缘准则，提出一种判别映射分析算法，对该算法描述如下：

给定的样本点 $\{x_1, x_2, \cdots, x_m\} \in \mathbb{R}^n$，$C_i$ 为 x_i 的标签，x_i 的 k 个最近邻点集为 $N(x_i)$。为了寻找最近邻关系，我们构建一个近邻关系图 $G = (V, H)$，两点之间的权值表示为

$$W_{w, ij} = \begin{cases} 1, & \text{若 } C_i = C_j \\ 0, & \text{其他} \end{cases} \tag{11-5}$$

$$W_{b,ij} = \begin{cases} \exp\left(-\dfrac{\|x_i - x_j\|^2}{\beta}\right), & \text{若 } C_i \neq C_j, \ x_i \in N(x_j) \text{ 或 } x_j \in N(x_i) \\ 0, & \text{其他} \end{cases}$$

$$(11-6)$$

式中，当两点类别相同时，它们之间的权值为 $W_{w,ij}$；当两点类别不同时，它们之间的权值为 $W_{b,ij}$；在其他情况下，它们之间的权值为 0。

由 $W_{w,ij}$ 和 $W_{b,ij}$ 构建散度矩阵。设 S_w 和 S_b 分别表示样本的类内散度矩阵和类间散度矩阵，则有

$$S_w = \sum_i \sum_j \|y_i - y_j\|^2 W_{w,ij} \tag{11-7}$$

$$S_b = \sum_i \sum_j \|y_i - y_j\|^2 W_{b,ij} \tag{11-8}$$

推导可得

$$\begin{aligned} \frac{1}{2}S_w &= \frac{1}{2}\sum_{i=1}^{n}\sum_{j=1}^{n}(A^{\mathrm{T}}x_i - A^{\mathrm{T}}x_j)^2 W_{w,ij} \\ &= tr(A^{\mathrm{T}}XD_wX^{\mathrm{T}}A) - tr(A^{\mathrm{T}}XW_wX^{\mathrm{T}}A) \\ &= tr(A^{\mathrm{T}}XL_wX^{\mathrm{T}}A) \end{aligned} \tag{11-9}$$

式中，$L_w = D_w - W_w$，D_w 是一个对角矩阵，$D_{w,ii} = \sum_j W_{w,ij}$。

同理可得

$$\frac{1}{2}S_b = tr(A^{\mathrm{T}}XL_bX^{\mathrm{T}}A) \tag{11-10}$$

式中，$L_b = D_b - W_b$，D_b 是一个对角矩阵，$D_{b,ii} = \sum_j W_{b,ij}$。

建立目标函数如下：

$$\max_A \frac{A^{\mathrm{T}}S_bA}{A^{\mathrm{T}}S_wA} = \max_A \frac{tr(A^{\mathrm{T}}XL_bX^{\mathrm{T}}A)}{tr(A^{\mathrm{T}}XL_wX^{\mathrm{T}}A)} \tag{11-11}$$

式（11-11）所对应的最优 W 可通过特征值分解求得。设列向量 a_0，a_1，$\cdots$，a_{d-1} 是式（11-11）的解，对其最大的 d 个特征值 λ_0，λ_1，$\cdots$，λ_{d-1} 依次排序，则嵌入方程可以写成如下形式：

$$x_i \rightarrow y_i = A^{\mathrm{T}}x_i, \ A = [a_0, \ a_1, \ \cdots, \ a_{d-1}] \tag{11-12}$$

与 MMC 算法相比，本章提出的算法充分考虑了数据的局部性质，因此该算法适合于非线性数据的维数约简方法。

11.3　实验结果

为了评估本章所提出的算法（DPA）的分类性能，我们在瑞典植物叶片图像数据集上进行了大量的实验，主要是利用该数据集上的 15 类叶片图像（每类 75 幅）进行了实验，并与 LDA、LPP 和 MMC 方法进行了比较。如图 11-1 所示，这是 10 幅植物叶片图像的分割和矫正预处理结果。对预处理后的每幅图像进行再处理并归一化为 64×64 像素大小的灰度图。

图 11-1　10 幅植物叶片图像的分割和矫正预处理结果

算法涉及的重要参数是最近邻数 k 和嵌入维数 d。在实验中这些参数均通过手动设置，除此之外，算法的热核参数 β 固定为 200。

首先，测试特征空间维数的变化对识别率的影响。对于 LDA 算法，由于其至多有 $c-1$ 个非零的广义特征值，因此特征空间维数的上界为 $c-1$。对于每种植物，随机选择 30 幅、50 幅和 70 幅图像作为训练样本集，其余的作为测试集。

其次，为了克服小样本问题，我们利用 PCA 对数据集进行预维数约简操作，保留 98% 的能量。

最后，利用 LDA、LPP 和 MMC，以及本章所提出的方法对图像进行维数约简操作，然后利用 K 最近邻分类器（$K=1$）进行分类识别。

由实验可知，这些方法的性能都随着特征子空间维数的变化而变化，而且开始阶段的识别率随着特征维数的增加而增加；但这一趋势并不是一直保持，当特征维数达到某一阈值后，识别率将会呈下降趋势，或出现波动现象。我们重复进行 50 次实验，计算正确识别率的平均值，得到实验的实验结果，见表 11-1。

表 11-1 实验的实验结果

方法	识别率和方差（%）		
	30 幅	50 幅	70 幅
LDA	78.34±5.31	76.33±2.40	79.34±5.73
LPP	80.93±5.34	80.33±2.40	85.93±5.71
MMC	82.17±4.04	83.40±2.43	89.22±5.72
DPA	85.74±5.76	88.73±2.69	92.40±2.39

由表 11-1 可以看出，本章所提出方法的识别率最高。由实验可知，本章算法耗时比其他的算法长 15%，不过在实践中这是可以接受的。

11.4 小结

植物的分类与识别具有重要的设计意义。本章基于 MMC 提出了一种判别分析算法，应用于植物叶片图像的分类中，并在瑞典植物叶片数据集上进行了实验验证，实验结果表明该方法是有效可行的。为了克服小样本问题，我们利用 PCA 对数据集进行了预处理操作，但是这样的处理过程可能会丢失有用信息。如何在尽量保证有用信息不丢失的前提下进行数据的预处理操作来解决小样本问题和算法中参数的选择问题，将是我们进一步研究的方向。

参考文献

［1］RAY T S. Landmark eigenshape analysis：homologous contours, leaf shape in syngonium（araceae）［J］. American Journal of Botany, 1992, 79（1）：69-76.

［2］OIDE M, NINOMIYA S. Discrimination of soybean leaflet shape by neural networks with image input［J］. Computers and Electronics in Agriculture, 2000, 29（1-2）：59-72.

［3］TIMMERMANS A J M, HULZEBOSCH A A. Computer vision system for on-line sorting of pot plants using an artificial neural network classifier［J］. Computers and Electronics in Agriculture, 1996, 15（1）：41-55.

［4］YONEKAWA S, SAKAI N, KITANI O. Identification of idealized leaf types using simple dimensionless shape factors by image analysis［J］. Transaction of the ASAE, 1996, 39（4）：1525-1533.

［5］ABBASI S, MOKHTARIAN F, KITTLER J. Reliable classification of chrysanthemum leaves through curvature scale space［J］. Proceeding of the First International Conference on Scale-Space Theory in Computer Vision, 1997：284-295.

［6］MOKHTARIAN F, ABBASI S. Matching shapes with self-intersection：application to leaf classification［J］. IEEE Transaction on Image Processing, 2004, 13（5）：653-661.

［7］SAITOH T, KANEKO T. Automatic recognition of wild flowers［J］. Proceeding of the 15th International Conference on Pattern Recognition, 2000, 2：507-510.

［8］王晓峰. 植物叶片图像自动识别系统的研究与实现［D］. 合肥：中国科学院合肥智能机械研究所, 2005.

［9］祁亨年，寿韬，金水虎. 基于叶片特征的计算机辅助植物识别模

型 [J]. 浙江林学院学报, 2003, 20 (3): 281-284.

[10] 祁亨年. 植物外观特征自动获取及计算机辅助植物分类与识别 [J]. 浙江林学院学报, 2004, 21 (2): 222-227.

[11] DU J X, HUANG D S, WANG X F, et al. Computer-aided plant species identification (CAPSI) based on leaf shape matching technique [J]. Transactions of the Institute of Measurement and Control, 2006, 28 (3): 275-284.

[12] DU J X, HUANG D S, GU X. Matching, Recognition and retrieval of occluded shapes using modified dynamic programming algorithm, dynamics of continuous [J]. Discrete and Impulsive Systems, Series B: Applications & Algorithms, 2007: 136-143.

[13] DU J X, HUANG D S, WANG X F, et al. Leaf shape based plant species recognition [J]. Applied Mathematics and Computation, 2007, 185 (2): 883-893.

[14] DU J X, HUANG D S, WANG X F, et al. Shape recognition based on neural networks trained by differential evolution algorithm [J]. Neurocomputing, 2007, 70 (4): 896-903.

[15] DU J X, HUANG D S, GU X. A novel full structure optimization algorithm for radial basis probabilistic neural networks [J]. Neurocomputing, 2006, 70 (1): 592-596.

[16] LI H, JIANG T, ZHANG K. Efficient and robust feature extraction by maximum margin criterion [J]. IEEE Transactions on Neural Networks, 2006, 17 (1-3): 157-165.

[17] WEINBERGER K Q, SAUL L K. AAAI'06 proceedings of the 21st national conference on Artificial intelligence [C]. [S. l. : s. n.], 2006.

第 12 章　基于卷积神经网络的
植物病害识别方法

　　针对传统基于叶片图像的植物病害识别方法中特征提取步骤复杂和提取出的特征易受叶片及其病斑图像的形态多样性、光照和背景的影响等问题，本章提出一种基于三通道卷积神经网络（CNNs）的植物病害识别方法。该方法能够自动地从病害叶片图像中提取出最佳的、更抽象的本质特征，不需要从复杂的病害叶片图像中分割病斑图像（龚丁禧等，2014；黄斌等，2016；张善文等，2018）。

12.1　植物病害识别方法的简介

　　大部分植物病害的发生往往首先表现在叶片上，病害往往导致叶片出现病斑，而且不同类型的病害会导致叶片出现不同颜色、形状和纹理的病斑，见图 12-1。因此，基于病害叶片图像的植物病害识别方法研究一直是植物保护、图像处理、计算机视觉和模式识别等众多领域的一个重要的研究方向，出现了很多基于叶片图像的植物病害识别方法。其中，特征提取是这些方法的一个关键步骤，提取出的特征的优劣直接影响病害识别算法的识别精度。由于病害叶片图像具有复杂性，而且病斑的颜色、形状和纹理随着时间在不断变化，使得人们设计出了上百种各种类型的分类特征，用来提高植物病害识别方法的识别率和鲁棒性。

　　尽管利用已有的植物病害识别方法，能够从一幅病害叶片图像中提取出 100 多种不同类型的特征，但很难确定哪些特征对病害识别的贡献最大。特别是，一些特征对某些植物病害的识别效果达到最佳，但对其他植物病害的识别却不一定。因此，现有的很多植物病害识别方法还不能满足实际植物病害自动识别系统的需要。

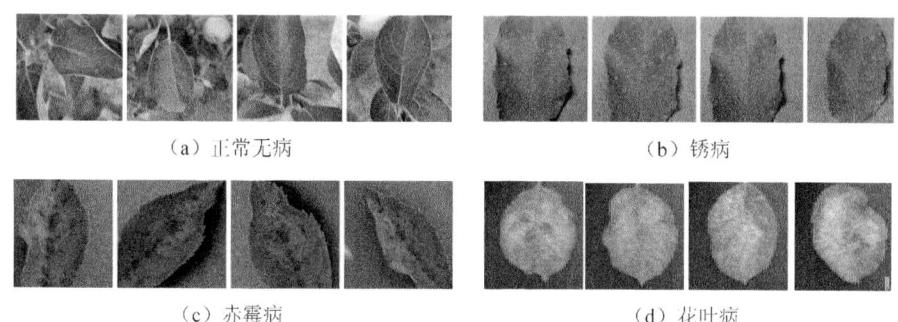

（a）正常无病　　　　　　　　　　　（b）锈病

（c）赤霉病　　　　　　　　　　　（d）花叶病

图 12-1　苹果叶片图像

近年来，深度学习引起了国内外学者浓厚的研究兴趣，并在计算机视觉、图像分类与识别、目标检测和语音识别等很多领域取得了突破性进展。很多学者从深度学习的模型设计、训练方式、参数初始化、激活函数选择和实际应用等多个方面进行了研究，提出了很多深度学习模型，例如卷积神经网络（CNNs）、深度波尔茨曼机（DBM）、深度置信网络（DBN），以及很多改进的深度学习模型，并成功应用于图像识别和植物病害识别研究中。

由于 CNNs 能够直接输入原始图像，现已被广泛应用于计算机视觉和图像识别与分类等领域。本章针对植物病害叶片的病斑分割与特征提取难题，提出一种基于三通道 CNNs 的植物病害识别方法。该方法能够自动从病害叶片图像中学习到本质特征，并进行病害识别。与传统的植物病害识别方法相比，该方法是从病害叶片图像中自动学习分类特征，而不是依靠先验知识来提取手工设计的特征。因此，该方法能够克服传统特征提取方法的盲目性和耗时长等不足。特别是，在病害识别过程中，该方法不需要对病害叶片图像进行复杂的病斑分割和特征提取操作，而是直接输入彩色病害叶片图像来对病害加以识别。

12.2 卷积神经网络

卷积神经网络（CNNs）是多层感知机（MLP）的一个变形，它是从生物学概念中演化和从传统神经网络（NN）发展而来的。传统的 NN 包括 3 个层：输入层、隐层和输出层；而 CNNs 包含多个隐层（包括多个卷积层和池化层）。CNNs 通过逐层改善图像的特征，使得特征空间不断变化，由此能够分析更为复杂的图像分类与识别问题。

CNNs 的局部感知、权值共享、池化及多层结构等特点，不仅可以减少数据的存储量和训练参数的数目，而且能够极大提高算法的性能。如图 12-2 所示，这是基于 LeNet 架构的 CNNs 的基本结构。它由一个输入层、多个卷积层及池化层、一个或多个全连接层和一个输出层构成。其中，卷积层和池化层一般交替设置，即卷积层→池化层→卷积层，依此类推。

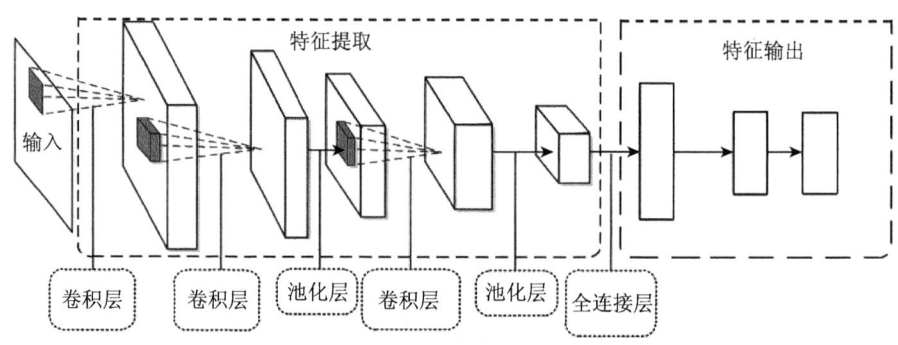

图 12-2　CNNs 的结构示意图

下面主要介绍 CNNs 的基本组成部分的功能。

（1）卷积层。在 CNNs 中，输入图像中的各个像素表示不同的输入神经元，卷积层的每个神经元只与输入图像中一定数量的神经元加权连接。假设输入图像的一个感受野为 $k×k$，则卷积操作是利用卷积核对输入图像的各个 $k×k$ 区域提取特征，也就是先确定一个 $k×k$ 的卷积核，即 k^2 个权重参数，来连接输入神经元与卷积层神经元；再将这个卷积核从图像的左上角开始，以一定的步长在图像上移动，每移动到一个新位置，就对输入神经元和对应的权重参数求乘积和。当遍历了一幅图像后就得到一个特征图。

卷积核相当于一个数字滤波器，由不同的卷积核可提取出不同的叶片图像特征。若采用 M 个 $k×k$ 的卷积核，而每个卷积核都能对图像进行一次卷积操作，那么就可以得到 M 幅特征图。特征图中每个像素值对应卷积层中各个神经元的输出。CNNs 中的卷积操作采用了权值共享策略，其优点是极大减少了模型需要训练的参数，从而缩短了训练时间，且增加了要提取图像的特征维数。

由卷积操作得到的结果通过一个激活函数来激活，得到的函数值可作为卷积层某个神经元的特征值。在实际操作中，卷积时需要加上一个偏置项。第 1 个卷积层的输出特征 x_j^l 由上一层的特征 x_j^{l-1} 经过与卷积核进行卷积运算，再利用一个激活函数得到，即有

$$x_j^l = f(\sum_{i \in M_j} x_j^{l-1} \times k_{ij}^l + b_j^l) \qquad (12-1)$$

式中，k_{ij}^l 为第 l 层第 j 个卷积核的第 i 个参数，M_j 为在第 1 个输入层选择的输入特征集，b_j^l 为第 l 个输出层的第 j 个偏置。

（2）池化层。卷积层的输出是池化层的输入。池化层是对卷积层得到的特征图进行下采样，经池化操作后输入特征图的个数保持不变，但维数减少很多。池化操作主要是为了降低特征图的分辨率，减少特征维数，一般可以将上层卷积层的输出数据的维数减少一半，以便后期的图像分类工作。虽然池化操作可能会丢失部分信息，但在一定程度上防止出现过拟合现象。池化层起到二次提取特征的作用，它的每个神经元对局部感受野进行池化操作，具有空间平移、旋转和伸缩等不变性的特征。

一般情况下，池化操作是对输入特征图中的不同 $n×n$ 区域的所有像素进行运算，输出的特征值缩小为原来的 $1/n×1/n$ 倍。每个输出特征对应一个权值 γ 和一个加性偏置 b。在第 l 个池化层中，有几个输入特征，就得到

几个输出特征，表示为

$$x_j^l = f(\gamma_j^l down(x_j^{l-1}) + b_j^l) \qquad (12\text{-}2)$$

式中，$down(\cdot)$ 为下采样运算，γ 为权重函数，$f(\cdot)$ 为一个池化函数，一般取为 sigmoid 型函数。

（3）全连接层。在卷积层和池化层之后设置一个或多个全连接层，用于对前面得到的特征进行加权求和，即全连接层的每个输出由前一层的每一个结点乘以一个权重系数，再加一个偏置值得到。若一个全连接层不是最后一个全连接层，那么它输出的也是特征图。最后一个全连接层输出给输出层。

（4）输出层。输出层采用 Softmax 分类器进行图像分类识别，输出结果为每个测试图像对应图像各个类别的概率。若训练集中有 C 类图像，则 Softmax 分类器输出 C 个结果，分别对应每个测试图像属于各个类别的预测得分。假设输入训练集包含 C 类 100 幅图像，则最后一个全连接层的输出记为 $\{[x(1), c(1)], [x(2), c(2)], \cdots, [x(100), c(100)]\}$，其中 $x(i)$ 和 $c(i)$ 分别表示全连接层的输出特征向量及其对应的标签，$c(i) \in \{1, 2, \cdots, C\}$。经过前向传播后，对于单个训练数据，Softmax 分类器的输出可表示为

$$p_j^{(i)} = \exp(W_j^T x^{(i)} + a_j) / \sum_{j=1}^{C} \exp(W_j^T x^{(i)} + a_j) \qquad (12\text{-}3)$$

式中，$p_j^{(i)}$ 为样本 $x^{(i)}$ 属于第 j 类图像的概率，W_j 和 a_j 分别为全连接层得到的第 j 个神经元和与 Softmax 分类器的第 j 个输出神经元相连接的权重参数。

（5）训练过程。采用反向误差传播更新权值训练 CNNs，即通过迭代不断优化模型的各个参数，使得模型的预测结果能够与实际图像所属类别的标签值最接近。求解正向输出标签值与实际标签值的平方误差，使得误差最小作为更新参数的准则。第 l 层第 j 个特征对应的权值 w_j^l 和偏置 b_j^l 可由下式计算：

$$x_j^l = f(u_j^l), \ u_j^l = w_j^l x_j^{l-1} + b_j^l \qquad (12\text{-}4)$$

式中，$f(\cdot)$ 为输出激活函数。

激活函数有多种选择，一般取 sigmoid 函数或双曲线正切函数。由于

sigmoid 函数的输出值范围为 [0, 1]，最后输出的平均值一般趋于 0，因此训练前需要将训练数据归一化成均值为 0 和方差为 1，由此可以在梯度下降过程中增加其收敛性。

权值 w_j^l 和偏置 b_j^l 可以采用反向传播策略并由式（12-4）计算得到，即将第 l+1 层误差传递到第 l 层，直至传递到第一个卷积层，每一层的参数都可以通过误差的两个偏导数不断迭代更新，直到获得误差最小的权值，则 CNNs 训练过程得以完成。

求参数的另一种方法描述如下：在 CNNs 中，利用随机梯度下降法使损失函数值最小而学习到最优的权值参数（W, b）。其关键是求损失函数对各权重参数的偏导数，因此对具体的图像分类问题而言，选择一个合适的损失函数比较重要。梯度下降法每次利用下式进行权值参数（W, b）更新：

$$
\begin{aligned}
w_{ij}^{l+1} &= w_{ij}^l - \alpha \frac{\partial E(W,\ b)}{\partial w_j^l} \\
b_i^{l+1} &= b_i^l - \alpha \frac{\partial E(W,\ b)}{\partial b_j^l}
\end{aligned}
\tag{12-5}
$$

式中，w_{ij}^{l+1} 为第 l+1 层第 i 个神经元与第 l 层的第 j 个神经元相连接的权重参数，b_i^{l+1} 表示第 l+1 层第 i 个神经元的偏置项，α 为学习率。

在设计 CNNs 结构时需要考虑的因素较多，一般认为 CNNs 的结构层次越深、特征面数目越多，能够表示的特征空间也就越大，则模型的学习能力也就越强。但是，由此可能会让网络的计算变得更复杂，且极易出现过拟合现象。卷积核对于提高 CNNs 的性能非常重要，卷积核的大小决定神经元感受野的大小。若卷积核过小，则无法提取图像的有效局部特征；若卷积核过大，则提取的特征的复杂性可能会超过卷积核的表达能力。在实际应用中，应适当选取 CNNs 的层次深度、特征面数目、卷积核大小、池化窗口大小及卷积时的移动步长，以便通过训练获得较好的 CNNs 模型，同时需要考虑如何减少训练时间。

12.3 基于三通道 CNNs 的植物病害识别方法

利用 CNNs 进行植物病害识别的优势在于不需要对原始彩色病害叶片图像进行多底层的图像预处理、病斑分割和特征提取操作，而是直接将原始彩色病害叶片图像输入 CNNs 模型，进行病害识别。由于病害叶片图像的颜色是病害类型识别的重要特征，为此，构建一种三通道 CNNs，并把它应用于植物病害叶片图像的特征提取和病害分类研究中，其过程归纳如下：

（1）简单图像预处理。将大小不同的训练病害叶片图像集中的每幅图像调整为统一维数，然后采用对比度自适应直方图均衡法（CLAHE）对图像进行对比度归一化处理，使得图像的位移、旋转度和尺度变换的值在特定范围内均匀分布。

（2）将 RGB 彩色病害叶片图像分解为 R、G 和 B 等 3 个通道，作为 CNNs 的输入对象。

（3）模型设计。我们设计的三通道 CNNs 模型如图 12-3 所示。其中 CNNs 的架构与图 12-2 基本相同。为了降低网络的训练耗时，我们在前两个卷积层之间增加了一个池化层。基本结构为输入层 I →卷积层 C1 →池化层 P1 →卷积层 C2 →池化层 P2 →卷积层 C3 →池化层 P3 →全连接层 F →输出层 O。

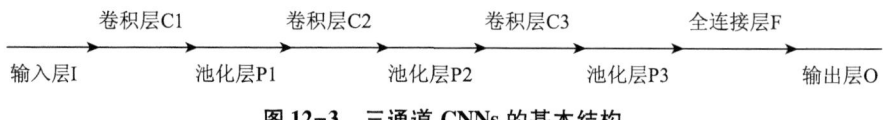

图 12-3　三通道 CNNs 的基本结构

假设，卷积核大小为 $k \times k$，最大池化法的池化窗口大小为 $p \times p$，全连接层神经元的数目为 1000 个左右，输出层有 C 个神经元输出 C 种植物病害种类。

在 C1 中，每个神经元与输入病害叶片图像指定的一个 $k \times k$ 感受野进行卷积，得到多个不同的特征图输出给 P1；

在 P1 中，对 C1 特征图用 $p×p$ 区域进行最大池化下采样，但不改变特征图的数目；

在 C2 中，对 P1 池化后得到的特征图再进行卷积；

在 P2 中，在 $p×p$ 区域对 C2 得到的特征图进行最大池化下采样；

在 C3 中，对 P2 得到的特征图进一步进行卷积；

在 P3 中，再在 $p×p$ 区域对 C3 得到的特征图进行最大池化下采样；

两个全连接层 F 包含 1000 个神经元与 P3 全连接；

在输出层选择一个分类器或一个单层神经网络，通过计算输入样本被分到每一类别的概率来进行图像识别。在训练过程中通过调整参数，使得病害叶片图像被正确标识的概率最大。由于 Softmax 分类器的准确率高，并行分布处理能力强，能有效处理非线性问题，且计算量较小、训练速度较快，因此本章模型的输出层选择 Softmax 分类器。有 C 种病害叶片图像需要进行分类，因此在输出层有 C 个神经元，输出 C 个小于 1 的正数值，表示各个待测试图像所属类别的概率。

在 MATLAB 的 Deep learning Toolbox 中，卷积层的一个特征图与上层的所有特征图都关联，对不同的卷积核在前一层所有特征图进行卷积并将对应元素累加后，再加一个偏置，然后求 sigmod 函数值得到一个特征图。而且，卷积层的特征图的数目是在 CNNs 初始化时指定，其大小由卷积核与上一层输入特征图的大小决定。池化层是对上一卷积层的特征图的一个下采样，采用的采样方式是对上一层特征图的相邻小区域进行聚合统计，一般取小区域的最大值或平均值。若假设上一个卷积层中特征图的大小为 $n×n$，卷积核的大小为 $k×k$，则该卷积层的特征图的大小为 $(n-k+1) × (n-k+1)$，池化层不改变特征图的大小。由此可以计算出本章设计的 CNNs 模型的各个卷积层和池化层的特征图的大小。

（4）参数初始化。开始训练 CNNs 之前，需要对权重和偏置参数进行初始化。一般从下面两个方面考虑采用一些不同的小随机数对 CNNs 中所有的参数进行初始化：①取小的随机数，能够保证 CNNs 不会因为权值过大而进入饱和状态，进而导致训练失败；②取不同的随机数，能够保证 CNNs 正常地学习训练。若利用相同的、大的数值初始化权值，则 CNNs 可能不具有学习能力。随机初始化的权值和偏置的范围一般取为 [-0.5, 0.5] 或 [-1, 1]。

(5) 微调。微调是利用训练数据库对训练好的 CNNs 进行再训练，从而使训练好的模型参数能够拟合当前的数据库，提取图像中更抽象的特征来进行图像识别。

12.4 实验结果与分析

为了验证所提出方法的有效性，我们在两个数据库上进行实验——Plantvillage 中的苹果叶片图像数据库①和陕西省杨凌农业示范园构建的黄瓜病害叶片图像数据库，并与 4 种已有的植物病害识别方法进行比较：基于二维子空间的苹果病害识别方法（TDSS）、基于支持向量机的苹果病害识别方法（SVM）、基于两次支持向量机的植物病害识别方法（TSVM）和基于深度神经网络的植物病害识别方法（DNN）。前 3 种方法需要对每幅叶片图像进行降噪、增强和病斑分割等一系列预处理操作，并进行特征提取操作；而 DNN 和本章方法不需要对病斑图像进行分割，直接将归一化的彩色叶片图像作为模型输入即可。实验环境为：Intel Core i3-2120 内存为 8G，操作系统为 Windows 64 位，开发工具为 MATLAB 2012a。

12.4.1 苹果病害识别

Plantvillage 数据库中含有苹果的健康叶片 1835 幅、赤霉病叶片 630 幅、黑腐病叶片 712 幅和锈病 276 幅，共 3453 幅图像。如图 12-4 所示，这是苹果正常叶片和病害叶片的图像示例。在数据库中，正常叶片和黑腐病叶片的所有图像包含复杂背景，赤霉病和锈病的所有叶片图像的背景较为简单。

---

① https://www.plantvillage.org/en/plant_images.

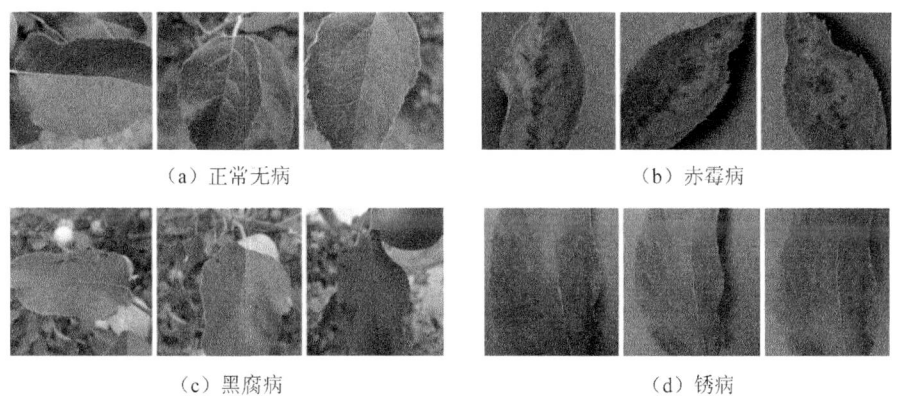

（a）正常无病　　　　　　　　　　（b）赤霉病

（c）黑腐病　　　　　　　　　　（d）锈病

图 12-4　苹果正常叶片和病害叶片的图像示例

在利用 CNNs 进行病害识别实验之前，我们只是对图像进行简单的归一化预处理操作。由于图像的大小直接影响到卷积核的选取，因此图像不宜太大；但也不能太小，太小可能会引起叶片图像的病害信息丢失。本章采用双线性插值法将每幅图像裁剪为 64×64 像素大小，再将所有图像随机划分为训练集和测试集，训练集用于训练 CNNs，而测试集则用于测试算法的有效性。利用 MATLAB 中的 imread 函数得到每幅图像的 RGB 3 个颜色空间图像，3 幅不同彩色空间的图像由输入层输入 CNNs 的第一个卷积层。为了降低图像之间的相关性，对 3 个色彩空间图像进行归一化处理，即计算训练集的均值，将输入的每幅图像进行均值化处理，由此可以提高训练速度。

在 CNNs 中，选择卷积核为 5×5，池化窗口为 2×2，并采用最大池化法，激活函数取 Sigmoid 函数，输出层选择 Softmax 分类器用于分类。CNNs 的参数设置：学习率为 0.01，迭代 1000 次后学习率降为 0.001，训练目标为 0.001，权重衰减系数为 0.001，最大训练次数为 3000。在 C1 中，通过 5×5 的卷积核去卷积原图像并提取特征，获得 12 个 3×3 的二维特征图，图像大小为（64−5+1）×（64−5+1）= 60×60。其中，同一个特征图使用相同的 5×5 卷积核。C1 需要训练的参数有 12×（5×5+1）×3 = 936 个，而输入层和 C1 的连接数有 312×（60×60）×3 = 3369600 条。

在 S1 层对 C1 得到的特征图取每个 2×2 子区域的最大值进行降采样，

以生成平移不变性特征。将 C1 中所有互不重叠的 2×2 的子块最大值，乘以权重并加偏置，得到 12 个 30×30×3 大小的特征图。在每一个池化层的下采样得到的特征图中，需要训练 2 个参数，则 S1 需要训练的参数共有 12×2＝24 个。

其余两个卷积层和两个池化层的工作原理与 C1 和 S1 相同。随着深度的增加，提取的特征更加抽象，更具有表达能力。经过 3 个卷积层和 3 个池化层的处理后，提取的特征就具有病害叶片图像的表达能力。

全连接层与 S3 全连接。S3 的每一个神经元都与全连接层的一个神经元相连，S3 的输出与全连接层连接为一维矩阵。输出层为 Softmax 分类器，将每一个神经元的输出理解为每个输入图像所属种类的可能性。输出层共有 4 个神经元，对应 1 种正常叶片图像和 3 种病害叶片图像，由最大概率值对应的类别来分类叶片图像。

在实验过程中，将 Plantvillage 中的全部苹果叶片图像集看成一个整体，然后采用 10 折交叉验证准则重复进行上面实验 50 次，评估 50 次 10 折交叉验证实验的实验结果，见表 12-1。其中，前 3 种病害识别方法都需要对每幅叶片图像进行多次降噪、增强、病斑分割等预处理和特征提取操作，最后利用 SVM 分类器进行分类。从表 12-1 可以看出，本章方法的识别效果最好。

表 12-1　5 种方法在 Plantvillage 苹果叶片图像数据库上的实验结果

方法	识别率和方差（%）			
	无病叶片	赤霉病	黑腐病	锈病
TDSS	67.43±1.93	75.82±2.28	69.03±2.76	74.17±1.62
SVM	65.93±1.93	78.16±1.47	67.53±2.32	75.24±1.36
TSVM	71.62±1.82	80.53±1.28	74.74±2.76	81.31±1.43
DNN	81.17±2.14	91.05±1.96	82.34±2.54	88.16±1.72
CNNs	86.06±1.15	95.14±1.73	85.53±1.93	95.28±1.63

需要说明的是，CNNs 和 DNN 识别方法的训练时间很长，分别为 36h 和 38h。尽管如此，训练好的模型具有较强的鲁棒性，并且能够快速对病

害进行识别。若不考虑训练时间，则 5 种方法的识别时间分别为 41s、64s、75s、38s 和 32s。

12.4.2　黄瓜病害识别

在陕西省杨凌农业示范园构建的黄瓜病害叶片图像数据库中，包含黄瓜常见的 4 种病害（赤霉病、白粉病、霜霉病和炭疽病）的叶片图像共400 幅，每种病害叶片为 100 幅。如图 12-5 所示，这是黄瓜 4 种病害叶片的图像及其扩展示例。由于拍摄的病害叶片图像存在噪声、失真、干扰和背景等问题，因此在前 3 种病害识别方法（即 TDSS、SVM 和 TSVM）中，需要对叶片图像进行降噪、增强和归一化及病斑分割等预处理操作，然后再进行特征提取操作，最后利用 SVM 分类器对其进行分类。本章方法和DNN 方法只对图像进行归一化处理即可。

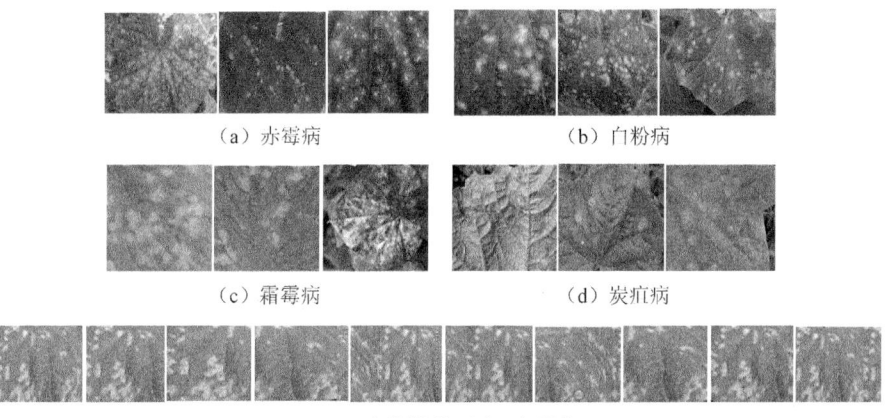

（a）赤霉病　　　　　　　　　（b）白粉病

（c）霜霉病　　　　　　　　　（d）炭疽病

（e）一幅图像扩展成10幅图像

图 12-5　黄瓜 4 种病害叶片的图像及其扩展示例

CNNs 需要大量训练数据进行训练来增加模型的鲁棒性，进而提高模型的识别率。大量数据能够避免模型在训练过程中出现过拟合现象，并且可以进行更多的训练迭代，实现更多的权值更新，从而得到最佳参数值。

由于原始的 400 幅图像不能很好地训练 CNNs，我们先通过提取每幅图像的感兴趣小区域，将一幅图像扩展为 10 幅图像，见图 12-5（e）；再将每幅图像旋转90°、180°和270°，得到30幅图像；上述操作可以将一幅图像扩展为40幅图像。由此可以将原来的400幅图像扩展为一个包含1600幅图像的数据库。再将数据库中的每幅图像裁剪为64×64像素大小。在扩展图像时，需要确保专家在肉眼可识别的情况下，使得病害识别方法通过训练来让处于多态环境下的植物获得一定的适应性。采用10折交叉验证准则，并重复进行实验50次。整个实验的参数设置和实验过程与第4章中的4.1节相同。如表12-2所示，这是50次实验的实验结果，即5种方法在黄瓜病害叶片图像数据库上的识别率和方差。

表12-2　5种方法在黄瓜病害叶片图像数据库上的实验结果

方法	识别率和方差（%）			
	赤霉病	白粉病	霜霉病	炭疽病
TDSS	84.19±1.55	85.28±1.63	76.43±2.38	83.27±1.33
SVM	83.52±2.13	86.21±1.72	84.15±2.42	85.24±1.63
TSVM	85.34±2.15	88.25±1.83	82.13±2.42	87.16±1.81
DNN	87.76±2.16	91.34±1.89	89.71±2.25	90.22±1.73
CNNs	93.28±2.04	95.47±1.75	94.81±2.17	95.42±1.80

从表12-1和表12-2可以看出，本章方法的识别效果最好，DNN的识别效果次之，原因是CNNs和DNN能够自动获取病害叶片图像的高层表达中更抽象的分类特征。由进一步实验得知，前3种方法（即TDSS、SVM和TSVM）在没有分割的原始图像上的识别率都小于60%。虽然本章提出的方法需要耗费30多个小时来训练和调整模型的参数，但模型设计的总体思想和所用的关键技术目前已经成熟，只是在参数选择、模型大小上有所差异而已。因此，本章提出的基于三通道CNNs的植物病害识别方法为构建植物病害识别系统提供了一个新思路。

12.5　小结

CNNs已成为众多科学领域的研究和应用热点之一，特别是在复杂图像分类与识别领域，由于该方法能够避免复杂的图像预处理和特征提取操作，并可以直接输入原始彩色图像，因而得到了更为广泛的应用。

本章设计了一种三通道 CNNs 模型，并应用于植物病害识别的研究中，取得了较好的识别效果，识别率高达 95% 以上。实验结果表明，该方法克服了传统方法的需要依赖经验、提取和选择特征具有盲目性、操作具有复杂性和分类精度低等缺陷。随着基于物联网的果园农情监控传感网技术的发展，以及开发基于物联网的植物病害识别的智能预警系统的需要，本章方法将有望得到推广，从而构建一个实用的自动植物病害识别系统。

参考文献

［1］ AI-HIARY H, BANI-AHMAD S, REYALAT M, et al. Fast and accurate detection and classification of plant diseases［J］. International Journal of Computer Applications, 2011, 17（1）：31-38.

［2］ DONG P X, WANG X D. Recognition of greenhouse cucumber disease based on image processing technology［J］. Open Journal of Applied Sciences, 2013, 3（1）：27-31.

［3］ GAO R H, WU H R. Nearest neighbor recognition of cucumber disease images based on Kd-Tree［J］. Information Technology Journal, 2013, 12（23）：7385-7390.

［4］ ARIVAZHAGAN S, NEWLIN SHEBIAN R, ANANTHI S, et al. Detection of unhealthy region of plant leaves and classification of plant leaf diseases using texture features［J］. Agricultural Engineering International：The CIGR Journal, 2013, 15（1）：211-217.

［5］ DUBEY S R, JALAL A S. Apple disease classification using color, texture and shape features from images［J］. Signal Image & Video Processing, 2016, 10（5）：819-826.

［6］ZHANG S W, WANG Z. Cucumber disease recognition based on Global-Local Singular value decomposition［J］. Neurocomputing, 2016, 205 (12)：341-348.

［7］师韵, 黄文准, 张善文. 基于二维子空间的苹果病害识别方法［J］. 计算机工程与应用, 2017, 53 (22)：180-184.

［8］王建玺, 宁菲菲, 鲁书喜. 基于支持向量机的苹果叶部病害识别方法研究［J］. 山东农业科学, 2015, 47 (7)：122-125.

［9］霍迎秋, 唐晶磊, 尹秀珍. 基于灰度关联分析的苹果病害识别方法研究［J］. 实验技术与管理, 2013, 30 (1)：49-51.

［10］ES-SAADY Y, EI MASSI I, EI YASSA M, et al. Automatic recognition of plant leaves diseases based on serial combination of two SVM classifiers［C］//Anon. IEEE International Conference on Electrical and Information Technologies.［S. l.：s. n.］, 2016：561-566.

［11］LECUN Y, BENGIO Y, HINTON G. Deep learning［J］. Nature, 2015, 521 (7553)：436-444.

［12］SCHMIDHUBER J. Deep learning in neural networks：an overview［J］. Neural Networks, 2015, 61：85-117.

［13］周飞燕, 金林鹏, 董军. 卷积神经网络研究综述［J］. 计算机学报, 2017, 40 (7)：1-23.

［14］HE K M, ZHANG X Y, REN S Q, et al. Deep residual learning for image recognition［C］//Anon. IEEE Conference on Computer Vision and Pattern Recognition, Las Vegas, USA.［S. l.：s. n.］, 2016：770-778.

［15］SLADOJEVIC S, ARSENOVIC M, ANDERLA A, et al. Deep neural networks based recognition of plant diseases by leaf image classification［J］. Computational Intelligence and Neuroscience, 2016, 6：1-11.

［16］MOHANTY S P, HUGES D P, SALATHE M. Using deep learning for image-based plant disease detection［J］. Front Plant Sci., 2016：7.

［17］黄斌, 卢金金, 王建华, 等. 基于深度卷积神经网络的物体识

别算法［J］.计算机应用，2016，36（12）：3333-3340.

　　［18］张帅，淮永建.基于分层卷积深度学习系统的植物叶片识别研究［J］.北京林业大学学报，2016，38（9）：108-115.

　　［19］王细萍，黄婷，谭文学，等.基于卷积网络的苹果病变图像识别方法［J］.计算机工程，2015，41（12）：293-298.

第13章 基于环境信息和深度自编码网络的
农作物病害预测模型

为了有效预测农作物病害的发生，在深度自编码网络技术的基础上，本章提出一个农作物病害预测模型。该模型能够自动从农作物环境信息中学习到主要的非线性组合特征，从而提高病害的预测精度。首先，利用与农作物病害发生相关的环境信息构建病害预测的特征向量，并确定病害的4种预测状态；其次，通过深度自编码网络从大量无标签的特征向量集中自动学习到可预测病害发生的深度特征的隐层参数，以便生成新特征向量集；最后，利用 Softmax 回归对有标签的新特征向量集进行学习，生成病害预测分类器，由此预测病害发生的等级（王献锋等，2014；谭娟等，2015；张善文等，2018；王献锋等，2018）。

13.1 农作物的致病因素及病害预测模型简介

研究表明，农作物病害与土壤、气候和气象等环境信息紧密相关，任何病害的发生和发展都需要一定的环境条件，比如一些病害在多雨季节发生，而另外一些病害在高温干旱时发生。一般情况下，温暖、多雨、低洼潮湿，以及连作地易导致病害的发生和流行。很多病害的发生都具有季节性，例如黄瓜细菌性角斑病发病的适宜温度在 22~24℃，相对湿度在 70% 以上；黄瓜灰霉病在高湿、低温、光照不足和植株长势弱时容易发病；黄瓜炭疽病在湿度高达 87%~95% 时发病迅速，而在湿度小于 54% 时不发生。

农作物生长的环境条件不仅影响病害在发病季节中的发生频率和危害程度，还决定着病害的地理分布。例如，小麦赤霉病就是一种比较典型的气候型病害，该病害的发生、蔓延及危害程度主要取决于气候条件、菌源数量和寄主易感病生育期等因素。有些环境因素对农作物病害可即时发生作用，产生明显的即时效应；有些则即时效应不显著，而后效影响深远。

由于农作物病害发生的原因很多，大部分病害的发生与气象条件（气温、日照和湿度等）、土壤条件（田地连种和施肥情况、含水量等）、生物学特性（根系吸水能力、叶面等）和农业基础措施等很多因素紧密相关，各个因素之间经常相互制约和影响，使得很多传统的农作物病害预测方法的准确率不高和鲁棒性不强。

本章针对农作物致病因素的复杂性问题，在深度自编码网络的基础上，提出了一种农作物病害预测模型。该模型能够利用农作物复杂的生长环境信息来预测病害的发生程度。与传统基于神经网络和支持向量机的预测模型相比，该模型对于农业物联网的海量数据具有较好的自学习更新能力，可应用于农作物的病害管理系统中。

13.2　材料与方法

13.2.1　数据获取

我们利用农业物联网传感器采集与农作物病害发生相关的环境、气象、植物本体和病害等信息，在植物保护专家的指导下构建了一个农作物病害管理数据库。

我们收集到的与病害发生相关的环境信息主要包括：

（1）土壤信息：地域、土壤温度、相对湿度、土壤水分、土壤盐分、土壤是否连种、土壤 pH 值和微生物含量等；

（2）气象信息：空气温度、空气湿度、光照强度、光合有效辐射、降水量、雨日数、气压、风速、风向和二氧化碳浓度等；

（3）农作物本体信息：农药使用量、农作物年龄、叶斑等级、茎秆微变化、叶面温度和叶面湿度等；

（4）病害信息：病害类型、发病季节和病害等级。

本章针对黄瓜病害的预测问题，从以上 4 个方面中遴选出近 6 年来黄瓜常见的 3 种病害（霜霉病、褐斑病和炭疽病）发生和发展的 13 个主要影响因素：土壤温度、土壤湿度、土壤盐分、土壤是否连种、微生物含量、空气温度、空气湿度、光照强度、降水量、雨日数、二氧化碳浓度、农药使用量和发病季节。由于这些因素在数据的量纲、范围和表示方式，以及物理意义和数量级等方面不同，因此需要对这些数据进行量化或离散化、标准化和归一化预处理操作，以满足不同类型数据之间可比性的需要。对于非数字化的原始数据需要进行转换和等级划分，再对所有数据进行归一化处理。

由于黄瓜病害的发生具有季节性，6 月和 9 月是农作物病害的高发期，7 月和 8 月为病害的越夏期。由于 9 月的环境条件更利于病害的发生，故我们将 9 月的病害发生季节信息值设置为 0.9，6 月设置为 0.8，7 月和与 8 月设置为 0.7，其他季节设置为 0.1；

将黄瓜生长过程中的光照强度由强到弱分别设置为 5 个等级：0.9、0.7、0.5、0.3 和 0.1；

将黄瓜生长过程中的农药使用量由多到无分别设置为 4 个等级：0.7、0.4、0.2 和 0；

将黄瓜生长过程中的土壤没有连种、连种一次、连种两次以上分别设置为 3 个等级：0、0.2 和 0.4；

所有的土壤和空气的温湿度都采用日平均温湿度；

其他因素对应的信息值由式（13-1）进行归一化，有

$$b_j = \frac{a_j - \min_i(a_i)}{\max_i(a_i) - \min_i(a_i)} \tag{13-1}$$

式中，a_j，$b_j (j = 1, 2, \cdots, n)$ 分别为第 j 个数据归一化前后的值，$\max_i(a_i)$ 和 $\min_i(a_i)$ 分别为 n 个数的最大值和最小值。

将预测病害发生的程度设置为 4 个等级：0、1、2、3，其中 0 表示病害不发生；

综上所述，用 x 表示病害发生的 13 个影响因素所组成的特征向量，则 $x = [x_1, x_2, \cdots, x_{13}]$。

13.2.2　自编码网络

自编码网络（Auto Encoder，AE）是一个两层神经网络：第一层称为编码层 $C(\cdot)$，第二层称为解码层 $G(\cdot)$。AE 由输入层、单隐层和输出层组成，其基本结构见图 13-1。

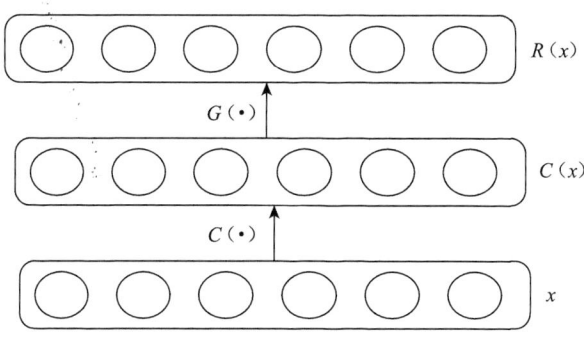

图 13-1　AE 的基本结构

在图 13-1 中，AE 利用编码器 $C(\cdot)$ 将输入数据 x 编码成 $C(x)$；再由解码器 $G(\cdot)$ 从 $C(x)$ 中解码重构，可表示为 $R(x) = G(C(x))$；然后利用最小化重构误差 $L(R(x), x)$ 进行模型训练。重构误差的概率分布可以解释为一种特殊的对数形式的概率密度函数的能量函数，即指重构误差小的样本所对应的模型具有更高的概率。

13.2.3　基于深度自编码网络的黄瓜病害预测

由于导致黄瓜病害发生的因素复杂多样，而且很多因素之间存在相互作用，使得现有的很多农作物病害预测系统不能有效地应用于黄瓜病害的预测工作中。为此，本章构建了一个基于深度 AE（DAE）的黄瓜病害预测模型。

该模型由 3 个 AE 网络和 1 个分类器组成。每一个 AE 网络的输入/输出节点数为 13，其形式与由黄瓜病害信息组成的特征向量保持一致。输入的每个节点对应特征向量 X 的一个分量；输出节点也与特征向量 X 的分量形式一一对应。

　　DAE 是深度学习中的一种快速学习网络，利用 DAE 学习到的特征向量代替原始的特征向量，并输入分类器进行模式分类（即病害等级预测），能够极大地提高数据的分类精确度。DAE 的求解过程为通过迭代逼近求取隐层权重 W 的过程。因输入特征向量的每个分量都已进行归一化处理，故本章采用 Sigmoid 函数作为隐层的变换核函数：

$$\begin{cases} z = W^{\mathrm{T}}x + b \\ f_w(z) = \dfrac{1}{1 + \exp(-z)} \end{cases} \tag{13-2}$$

式中，x，b 分别为输入数据和偏置向量。

　　求得隐层权重 W 后，再通过核函数 $f_w(z)$ 进行非线性特征变换。由于 DAE 的学习功能是挖掘病害发生的环境信息数据样本的深度特征，而不提供对新样本的预测分类，因此需要对学习获得的变换特征设计可对病害发生进行预测的模式分类器。

　　对于分类（或预测）问题，需要为基于 DAE 的预测模型提供有标签的学习样本集。当分类器通过学习获得分类能力后，再利用该分类器对新输入的特征样本进行分类（或预测）。本章由 Softmax 模型构建分类器，其过程描述如下：

　　（1）构建训练集。假设病害的环境信息特征向量 x 经式（13-2）中的函数变换后得到的新向量仍记为 x。根据数据库中的先验知识对第 i 个特征向量设定类别标签（即对应的病害等级）为 $y^{(i)} \in \{0, 1, 2, 3\}$，其值分别代表病害预测模型要输出的 4 种预测结果，由此得到有标签学习向量集：$L = \{(x^1, y^1), (x^2, y^2), \cdots, (x^m, y^m)\}$。

　　（2）求解预测分类器。Softmax 是 Logistic 模型在多分类问题上的推广。对于给定的训练样本集 L，针对第 j 类估算概率值 $p = (y = j|x)$，由此

定义一个概率函数 $H_m(x)$ 为

$$H_m(x) = \begin{bmatrix} p(y^{(i)} = 0 \,|\, x^{(i)} ;\ \theta) \\ p(y^{(i)} = 1 \,|\, x^{(i)} ;\ \theta) \\ p(y^{(i)} = 2 \,|\, x^{(i)} ;\ \theta) \\ p(y^{(i)} = 3 \,|\, x^{(i)} ;\ \theta) \end{bmatrix} = \frac{1}{\sum_{j=0}^{3} \exp(\theta_j^{\mathrm{T}} x^{(i)})} = \begin{bmatrix} \exp(\theta_0^{\mathrm{T}} x^{(i)}) \\ \exp(\theta_1^{\mathrm{T}} x^{(i)}) \\ \vdots \\ \exp(\theta_k^{\mathrm{T}} x^{(i)}) \end{bmatrix}$$

$$(13-3)$$

式中，θ_1，θ_2，$\cdots$，θ_k 为需要求解的预测模型参数。

同样地，定义一个代价函数为

$$E(\theta) = -\frac{1}{m} \Big[\sum_{i=1}^{m} \sum_{j=1}^{k} 1\{y^i = j\} \log \frac{\exp(\theta_j^{\mathrm{T}} x^{(i)})}{\sum_{l=1}^{k} \exp(\theta_l^{\mathrm{T}} x^{(i)})} \Big] \qquad (13-4)$$

计算使式（13-4）代价函数最小的模型参数，通过迭代确定参数 θ_1，θ_2，$\cdots$，θ_k，即可得到预测模式的分类器。

在以上分析的基础上，给出基于 DAE 的病害预测模型流程图，见图 13-2。

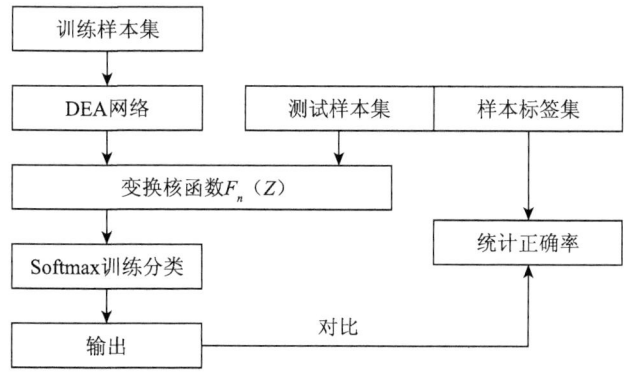

图 13-2　基于 DAE 的病害预测模型流程图

由图 13-2 可知，在病害预测中：首先，只对与病害发生相关的环境信息数据进行归纳，通过设计基于 DAE 的学习模型自动地从无标签的环境信息特征向量中发现共性特征，用于表征病害发生的状态；其次，仅对少量病害特征向量标志其类别（病害发生状态判定输出），并作为分类器训练的有标签数据集的输入，可以构建预测实际病害发生的预测模型。因此，本章提出的病害预测模型是一种半监督学习模型。

单个 AE 网络的预训练是对输入数据编码和解码的重建过程，可以采用贪心算法对每个 AE 网络进行预训练和逐层反向迭代：首先，计算每层输入数据与权值并生成新数据传递到下一层，然后与相同的权值相结合生成重构数据，映射回输入层，通过不断缩小输入数据与重构数据之间的误差，训练每层网络；其次，预测模型中各层 AE 网络都经过预训练后，再利用反向迭代误差对整个模型进行权值微调操作。

13.3 实验结果与分析

在实际训练过程中，本章采用的硬件环境为内存 32G，CPU Intel（R）Core（TM）i7-4790 8×3.60GHZ，GPU GeForce GTX Titan X，训练速度达到单核 Intel3.47GHZ 的 15 倍以上。从数据库中选择 2011—2016 年近 6 年的黄瓜 3 种病害（霜霉病、褐斑病和炭疽病）的环境信息，组成环境信息特征向量，并作为实验数据。

在实验过程中，需要整理两类学习集：（1）用于确定式（13-2）中 $f_w(z)$ 的特征学习集，从全部特征向量集中随机选择 50000 个特征向量作为特征学习集样本；（2）用于确定 Softmax 分类模型参数的分类学习集，设定分类学习集的样本数为 10000 个，分类学习集要为每个特征向量设置类别标签。其中 5000 个样本用于训练 Softmax 分类器，剩余的 5000 个样本用于验证预测模型的性能。特征学习的迭代上限设置为 400，并用学习后得到的特征对 Softmax 分类器进行训练，然后在测试集上验证预测模型的分类性能。实验结果见表 13-1。为了表明本章方法的有效性，表 13-1 中还给出了基于强模糊支持向量机（SFSVM）和基于 BP 神经网络的（BPNN）的黄瓜病害预测结果。

表 13-1　基于 3 种方法对 3 种黄瓜病害的实验结果

方法	识别率和方差（%）			平均值（%）
	霜霉病	褐斑病	炭疽病	
SFSVM	62.34±1.47	66.58±1.82	71.25±1.64	66.72
BPNN	71.22±1.61	73.17±1.34	73.83±1.53	72.74
DAE	85.26±1.27	86.05±1.3	87.17±1.52	86.16

从表 13-1 可以看出，基于 DAE 的黄瓜病害预测模型的识别率远高于其他两种模型，其主要原因在于：基于 DAE 的预测模型能够模仿人脑思考、学习和总结经验的过程，能够从大量复杂的病害发生的环境信息中深度挖掘分类和预测特征，并根据所获取的特征信息，进行判断、推理，从而得到较好的预测效果。实验结果表明了 DAE 模型在基于环境信息的农作物病害预测中具有良好的特征学习性能。

13.4　小结

针对利用农作物生长的环境信息来预测病害发生和发展的问题，基于深度学习的认知机理，本章提出了一种基于 DAE 的农作物病害预测模型。该模型能够挖掘农作物生长环境信息与病害发生和发展之间的深层联系，实现了基于环境信息来预测病害的目标。

在与经典的基于 SVM 和 BPNN 的预测方法进行比较后，结果表明，基于 DAE 的预测模型能够较好地预测农作物病害发生和发展的情况，尤其是在基于农业物联网的大数据背景下，能够更好地挖掘农作物生长的海量环境信息的价值，提高环境信息大数据的应用效果。

本章仅是农作物病害预测和预报系统中的数据挖掘及模式分类核心模块的研究工作之一，其更重要的研究价值在于基于 DAE 的学习机理可在并行计算网络上构建更高层级的深度学习网络。下一步的研究工作旨在构建一个利用农业物联网采集的海量环境信息来预测病害发生的系统。

参考文献

［1］SANNAKKI S, RAJPUROHIT V S, SUMIRE F, et al. A neural net-work approach for disease forecasting in grapes using weather parameters［C］//Anon. International Conference on Computing. IEEE.［S. l.：s. n.］, 2013：1-5.

［2］王翔宇，温皓杰，李鑫星. 农业主要病害检测与预警技术研究进展分析［J］. 农业机械学报，2016，9：271-282.

［3］李丽，李道亮，周志坚，等. 径向基函数网络与 WebGIS 融合的苹果病虫害预测［J］. 农业机械学报，2008，39（3）：116-119.

［4］宋启堃，郑松，宋彦棠. 黔南州主要农作物病虫害监测预警专家系统的构建与实现［J］. 云南地理环境研究，2011，23（1）：34-37.

［5］温皓杰，张领先，傅泽田，等. 基于 Web 的黄瓜病害诊断系统设计［J］. 农业机械学报，2010，41（12）：178-182.

［6］曹志勇，邱靖，曹志娟，等. 基于改进型神经网络的植物病虫害预警模型的构建［J］. 安徽农业科学，2010，38（1）：538-540.

［7］陈光绒，李小琴. 基于物联网技术的农作物病虫害自动测报系统［J］. 江苏农业科学，2015，43（4）：406-410.

［8］姚卫平. 贵池区小麦赤霉病发病程度中期预测模型［J］. 基层农技推广，2016，4（3）：20-24.

［9］杨志民，梁静，刘广利. 强模糊支持向量机在稻瘟病气象预警中的应用［J］. 中国农业大学学报，2010，15（3）：122-128.

［10］王淑梅. 气象条件与农作物病虫害预报和防治［J］. 世界农业，2010（2）：55-57.

［11］王淑梅. 基于气象视角的农作物病虫害预测预报研究概况［J］. 中国植物保护导刊，2009，12：13-16.

［12］邓刚. 气象因子的变化对黑龙江省森林病虫害影响的研究［D］.

哈尔滨：东北林业大学，2012.

［13］陈怀亮，张弘，李有．农作物病虫害发生发展气象条件及预报方法研究综述［J］.中国农业气象，2007，28（2）：212-216.

［14］马丽丽，纪建伟，贺超兴，等．番茄专家系统环境数据库在病害预测中的应用［J］.农机化研究，2008，6：161-163.

［15］SHI M W. Based on time series and RBF network plant disease forecasting［J］. Procedia Engineering, 2011, 15: 2384-2387.

［16］LECUN Y, BENGGIO Y, HINTON G. Deep learning［J］. Nature, 2015, 521 (7553): 436-444.

［17］SCHMIDHUBER J. Deep learning in neural networks: an overview［J］. Neural Networks, 2015, 61: 85-117.

［18］谭娟，王胜春．基于深度学习的交通拥堵预测模型研究［J］.计算机应用研究，2015，32（10）：2951-2954.

［20］MADS D, HENRIK K, HENRIK S M. Plant species classification using deep convolutional neural network［J］. Biosystems Engineering, 2016, 151: 72-80.

［21］SLADOJEVIC S, ARSENOVIC M, ANDERLA A, et al. Deep neural networks based recognition of plant diseases by leaf image classification ［J］. Computational Intelligence and Neuroscience, 2016, 6: 1-11.

［22］JIHEN A, BASSEM B, ALSAYED A. A deep learning-based approach for banana leaf diseases classification［J］. Lecture Notes in Informatics, 2017: 79-88.

［23］黄冲，刘万才．试论物联网技术在农作物重大病虫害监测预警中的应用前景［J］.中国植物保护导刊，2015，10：55-60.

［24］SHI Y, WANG Z, WANG X, et al. Internet of things application to monitoring plant disease and insect pests［C］//Anon. International Conference on Applied Science and Engineering Innovation.［S. l.：s. n.］，2015：31-34.

［25］杨志民，梁静，刘广利．强模糊支持向量机在稻瘟病气象预警

中的应用［J］. 中国农业大学学报，2010，15（3）：122-128.

　　［26］陈涛，高必梵，艾菊梅. 基于 BP 神经网络的农作物虫害预测系统的研究［J］. 数字技术与应用，2015，1：91-93.

　　［27］SHIN H C, MATTHEW R O, DAVID J C. Stacked auto-encoders for unsupervised feature learning and multiple organ detection in a pilot study using 4D patient data［J］. Pattern Analysis and Machine Intelligence，2013，35（8）：1930-1943.

第 14 章　基于改进深度置信网络的大棚冬枣病虫害预测模型

14.1　冬枣病虫害及预测模型简介

近年来，陕西省大荔县大棚冬枣病虫害发生频繁，常见危害较大的病虫害有 20 多种。对近 5 年来（2012—2016 年）大荔大棚冬枣病虫害发生趋势的调查研究表明，冬枣病虫害发生、发展和流行与其生长的大棚内外环境信息紧密相关。特别地，降雨或高温、高湿条件有利于病虫的繁殖和扩散，季节、温度、湿度、降雨、风和光照等气候和气象要素是许多冬枣病虫害发生和发展的主导因素。研究冬枣病虫害发生规律和了解与其有关的气候、气象、地域和土壤等自然环境信息，对冬枣病虫害预防有一定的参考价值。

针对大棚冬枣病虫害预测问题，本章提出了一种基于改进 DBN 的大棚冬枣病虫害预测模型。该模型充分利用了植物病虫害的先验信息，能够从复杂的冬枣生长环境信息中预测病虫害的发生和发展情况，以期为有效防治该病虫害提供技术指导（马宗帅等，2015；张善文等，2017；王献锋等，2018；张善文等，2018）。

14.2　植物病虫害环境信息获取

我们在陕西省大荔县 20 多万亩的冬枣种植基地建立了大棚农业物联网工作站，从 30 个大棚中采集与冬枣的常见病虫害发生相关的环境信息，建立一个病虫害信息数据库。收集到的大棚冬枣生长的环境信息主要包括：

（1）土壤信息：地域、土壤温度、相对湿度、土壤水分、土壤盐分、土壤是否连种、土壤 pH 值和微生物含量等；

（2）气象信息：季节、是否雨季、空气温度、空气湿度、光照强度、光合有效辐射、降雨量、气压、风速、风向和二氧化碳浓度等；

（3）植物本体信息：农药使用量、植物年龄、叶斑等级、茎秆微变化、叶面温度和叶面湿度等；

（4）病虫害信息：病虫害类型、病虫害等级。

由于物联网收集的数据在量纲、范围和表示方式等方面有所不同，以及据此构建的数据库中的各项数据的物理意义和数量级也不同，因此需要对环境信息数据进行标准化和归一化预处理操作，以满足数据指标之间的可比性。针对冬枣常见的 2 种虫害（食芽象甲和红蜘蛛）和 3 种病害（枣锈病、枣炭疽病和黑点病），从 2014—2017 年的 2~6 月，在病虫害发生前和发生初期，每天采集 10 次环境信息数据，并对采集到的数据进行标准化和归一化预处理操作，再按照时间顺序堆叠为冬枣生长的环境信息序列共6000 条，用于病虫害的预测研究工作。

14.3 深度置信网络

深度置信网络（Deep Belief Network，DBN）是一种逐层贪婪预训练的深层神经网络模型，能够克服传统神经网络在训练上的难度，通过多层处理来获得更加抽象的分类特征。DBN 已经被成功应用于身份识别、交通拥堵预测、用户投诉预测和在线视频热度预测等领域。在基于 DBN 的预测模型中，虽然可以通过有监督学习方法对模型中的权值进行微调，但 DBN 本质上属于无监督学习网络，因为 DBN 没有利用样本类别的先验信息，学习到的特征与具体的预测任务无关，因此得到的预测率不高。有学者将类别标号信息引入限制玻尔兹曼机（Restricted Boltzmann Machines，RBM）中，以增加 DBN 的监督性能（Larochelle et al.，2008）。有学者在学习过程中通过约束特征向量之间的相似性来达到引入监督信息的目的（丁军等，2016）。由于植物病虫害预测的复杂性，目前还鲜有利用深度学习和与植物病虫害发生相关的环境信息来预测病虫害发生的综合应用实例报道。

具体来看，深度置信网络由多层无监督的限制性玻尔兹曼机和有监督的反向传播网络组成。每个 RBM 包含可视层、隐含层和输出层。可视层由显性神经元组成，用于输入训练数据；隐含层由隐性神经元组成，用于提取训练数据的特征。DBN 模型的基本步骤可以描述为：首先，将预处理后的原始数据输入第 1 个 RBM，开始进行无监督训练，确定其权重及偏置，训练下一个 RBM；其次，将低层 RBM 的输出作为高层 RBM 的输入，依次重复训练所有的 RBM，反复训练多次，实现模型参数的初始化；再次，通过前向传播在最顶层加上标签层，进行无监督学习，确定模型参数后，使用反向传播将误差自顶向下传播至每层 RBM，通过梯度下降法微调层间参数，由自下而上反馈学习方法调整所有 RBM 的模型参数，使 DBN 能够学习复杂数据内在的规律；最后，利用训练好的网络进行数据预测。

训练 DBN 包括无监督预训练和有监督微调两个过程。在训练过程中，采用贪婪逐层算法，以重构误差函数作为目标函数，对 RBM 逐层进行训练；在微调过程中，利用带有标签的训练样本对 BP 网络分类器进行训练，将已经调整好的参数作为微调的初始值，模型中的参数利用随机梯度下降法通过最大化对数似然函数的方式学习得到，以便提取细节性的特征。

14.3.1　改进深度置信网络

由于导致大棚冬枣病虫害发生的实际因素复杂多样，各个因素之间相互作用，并且一些因素随时间流逝在不断变化，因此在病虫害预测过程中需要充分利用病虫害的先验信息和当前采集的数据，建立一个动态的、可监督的预测模型。为此，将冬枣病虫害的环境先验信息引入 RBM 中，提出一种改进 DBN（Modified DBN，MDBN）模型。其基本结构见图 14-1。其中，$w_i(i = 0, 1, 2, 3)$ 表示 RBM 各层的 4 个权值参数，$u_j(j = 1, 2, 3)$ 表示待引入的先验信息。该模型在学习过程中通过先验信息和当前信息

之间的约束特征向量的相似性，来增加模型的监督性和预测能力。改进
的 DBN 的基本结构与经典的 DBN 相同，都由 3 个 RBM 和一个 BP 网络
组成（见图 14-1 的左边部分），MDBN 的训练和微调过程也与经典的
DBN 基本相同。主要区别在于，在 MDBN 中引入了冬枣病虫害的先验信
息（见图 14-1 的右边部分）。如图 14-2 所示，这是基于改进深度置信网
络的冬枣病虫害预测模型。

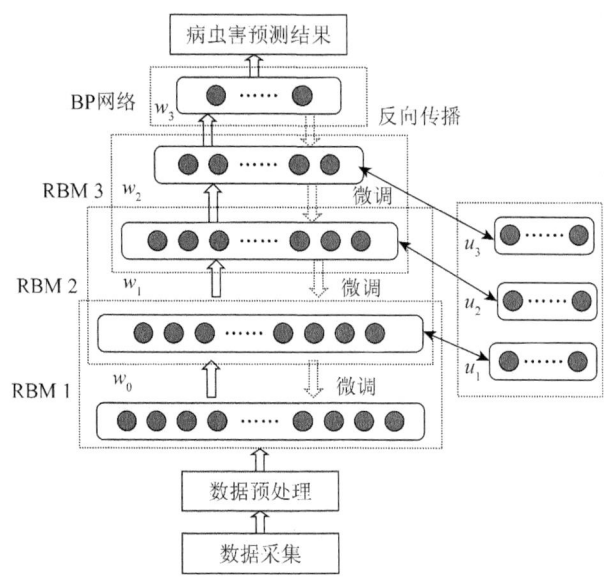

图 14-1 改进深度置信网络基本结构

在图 14-1 中，上一层 RBM 经过学习得到的特征输出作为下一层的输
入，使每层都能更好地抽象出上一层的特征，逐层提取深度特征，并且各
层独立地对参数进行学习。第一层 RBM 以原始输入数据 w_0 为训练对象，
将其映射到特征空间 h_0，重构后的特征 w_1 尽可能多地保留原数据特征信
息，且保留权值；再将 w_1 输入第二层 RBM 进行训练，得到第二层重构后
的特征空间 h_1……RBM 的每一层输出都是对特征重新选择的结果。如此，
在自下向上的过程中，从原始数据中逐渐提取到更抽象的特征，并在最后
一层 RBM 后设置一个 BP 网络分类器，接收最后一层 RBM 得到的输出特

征变量，有监督地训练网络权值参数。顶层的 BP 网络由输入层、隐含层和输出层组成，用于冬枣的病虫害预测工作。

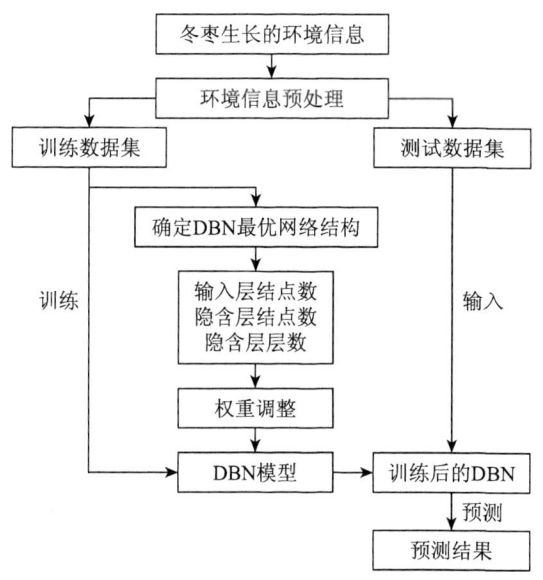

图 14-2　基于改进深度置信网络的冬枣病虫害预测模型

每个 RBM 都包含可视层（即输入特征数据 $v \in R^D$）和隐含层（即一个二值随机隐变量 $h \in \{0, 1\}$，用于特征检测器）。其能量函数定义为

$$E_1(v,\ h;\ \theta) = - v^{\mathrm{T}} W h - b^{\mathrm{T}} v - c^{\mathrm{T}} h$$

$$= - \sum_{i=1}^{D} \sum_{j=1}^{M} W_{ij} v_i h_j - \sum_{i=1}^{D} b_i v_i - \sum_{j=1}^{M} c_j h_j \qquad (14-1)$$

式中，$\theta = \{W,\ b,\ c\}$ 为模型参数集，D 和 M 分别为可见神经元和隐神经元的个数。

将待预测病虫害的环境信息向量与数据库中往年同一天（或同一时期）病虫害发生的环境信息之间的相似度定义为余弦距离，由多种病虫害和多条数据库中的环境信息之间的余弦距离构建相似度矩阵，再对该矩阵进行奇异值分解，构造与式（14-1）类似的能量函数

$$E_2(v,\ u,\ h;\ \theta) = - u^{\mathrm{T}} Q h - d^{\mathrm{T}} u - c^{\mathrm{T}} h \qquad (14-2)$$

式中，Q 为相似度矩阵进行奇异值分解后的正交矩阵，u 为可见变量，h 为

隐变量。

为了使每个 RBM 都具有更强的预测能力，将 $E_2(v,\ u,\ h;\ \theta)$ 与 $E_1(v,\ h;\ \theta)$ 相结合，得到 RBM 的具有判别信息的能量函数：

$$E(v,\ u,\ h;\ \theta) = -v^\mathrm{T}Wh - b^\mathrm{T}v - c^\mathrm{T}h - \lambda u^\mathrm{T}Qh - \lambda d^\mathrm{T}u \qquad (14\text{-}3)$$

加入判别信息后的 RBM 可以看作由两部分混合而成，一部分由学习数据的生成性表示，而另一部分则将判决信息通过相似性约束引入 RBM 模型中。这两部分内容通过共享隐变量和权值绑定操作进行融合。

MDBN 的隐含层可以用联合概率分布描述输入向量 x 和隐含向量 g^i 的关系，则有

$$P = P(x \mid g^1)P(g^1 \mid g^2)\cdots P(g^{m-1} \mid g^m) \qquad (14\text{-}4)$$

式中，$P(g^i \mid g^{i+1})$ 是条件概率分布。将隐含层 g^i 看作是一个包含 n^i 个元素 g_j^i 的随机二进制矢量

$$P(g^i \mid g^{i+1}) = \prod_{j=1}^{n^i} P(g_j^i \mid g^{i+1})$$

$$P(g_j^i = 1 \mid g^{i+1}) = \mathrm{sigm}(b_j^i + \sum_{k=1}^{n^{i+1}} W^i g_k^{i+1}) \qquad (14\text{-}5)$$

式中，$\mathrm{sigm}(t) = 1/(1 + e^{-t})$，$b_j^i$ 是第 i 层的第 j 个单元的偏差值，W^i 为第 i 层的权矩阵。

模型初步训练完后，对于输入数据和重构数据的损失函数，利用 BP 算法对相关度网络参数进行微调，使损失函数最小化。其损失函数表示为

$$S(f, f') = \|f - f'\|^2 \qquad (14\text{-}6)$$

式中，f 和 f' 分别为训练数据的真实值和 DBN 的拟合函数值。

在 BP 网络中，隐含层的神经元的输出为

$$O_j = f(\sum_i W_{ij}x_i - a_j) \qquad (14\text{-}7)$$

式中，a_j 为隐含层神经元阈值；$f(\cdot)$ 为激励函数，一般为 Sigmoid 函数。

输出神经元的输出为

$$y_k = f(\sum_j T_{jk}O_j - b_k) \qquad (14\text{-}8)$$

式中，b_k 为神经元阈值，T_{jk} 为隐含层节点与输出层节点之间的连接强度。

14.4　冬枣病虫害预测模型

在冬枣病虫害预测问题中，需要提供带标签的学习样本数据集对模型进行训练。待分类器通过学习并具有分类能力后，才能利用新输入的病虫害信息数据预测未来病虫害发生的概率。基于 MDBN 的冬枣病虫害预测模型的主要操作过程如下：

（1）数据采集和预处理。采集与冬枣病虫害发生相关的环境信息，包括气象信息（气温、日照、湿度等）、土壤信息（田地连种和施肥情况、含水量、土壤重金属含量等）、生物学信息（根系吸水能力、叶面等）和农业基础设施信息等，由此组成原始数据集。

（2）根据病虫害发生规律并结合当地的历史数据资料，进行综合分析，建立与冬枣病虫害发生相关的环境信息数据库，然后对采集到的数据进行归一化预处理，并将其划分为训练数据集和测试数据集。

（3）构建 MDBN。采用实验方法对 DBN 模型进行最优化设置，包括输入层结点的个数、隐含层结点的个数和 RBM 隐含层的层数等要素。

（4）构造 MDBN 的冬枣病虫害预测模型，利用训练数据训练 DBN 模型。为了加快训练速度，先计算实际输出和目标输出的误差，利用与模型权重相关的函数表示该误差；再利用共轭梯度算法调整权重矩阵；最后得到误差函数达到最小的网络权重矩阵。

（5）测试阶段。将测试数据输入改进的 DBN 预测模型中，计算冬枣病虫害发生的预测结果。

由于本章所采用数据库中的样本仅针对两种虫害和 3 种病害的发生情况，以及发生期间的环境信息序列问题，我们预测某种病虫害发生的预测结果只有 2 种：病虫害发生和病虫害不发生。因此，冬枣病虫害预测的准确率是指，预测到病虫害发生且病虫害的确发生了。预测准确率可表示为

$$预测准确率 = \frac{准确预测的样本数}{总样本数} \times 100\% \qquad (14\text{-}9)$$

（6）预测结果分析。对于相同的训练数据和测试数据，利用经典的神经网络预测方法进行预测，比较不同模型的预测结果。

（7）模型性能预测。采用均方根误差（Root Mean Square Error，RMSE）评价模型性能与标准值之间的误差及一致性，计算公式为

$$\text{RMSE} = \sqrt{\frac{1}{m} \sum_{i=1}^{m} (Y_i - X_i)^2} \tag{14-10}$$

式中，Y_i 为理想识别率 1，X_i 为预测准确率，m 为数据样本数量。RMSE 越小，表明模型的误差率就越小。

因为错误预测的样本数等于总样本数减准确预测的样本数，故预测率与 RMSE 评价这两个指标所反映的情况一致，且计算预测率的过程中去除了总样本数的影响，可以方便使用不同的方法对该模型进行评估和比较。

14.5　实验方法

对大棚冬枣两种虫害和 3 种病害进行病虫害预测实验，并与现有的 3 种植物病虫害预测方法进行比较：SFSVM、INN 和 BPNN。采用深度学习工具箱中的 DBN 结构①构建 MDBN。实验硬件环境为：内存 32 G，CPU Intel（R）Core（TM）i7—4790 8×3.60 GHZ，GPU GeForce GTX Titan X。

在构建冬枣病虫害预测模型时，应该先确定输入层结点数。该结点数为所采用的数据集中数据的个数。模型中隐含层的结点数为 DBN 模型可以通过数据集学习到的知识，它能够表现出数据中复杂的非线性关系。若隐含层的结点数过少，则可能出现模型失效；若隐含层的结点过多，虽然能够表现出更加强大的预测能力，但可能会出现过拟合现象。因此，在模型性能优化过程中，根据不同的数据集、不同的应用领域构建出不同隐含层数的 DBN 模型，采用实验方法通过改变隐含层数和各个隐含层的结点数来

---

① https：//github.com/ rasmusbergpalm/DeepLearn Toolbox.

优化模型，确定 DBN 模型的最优结构。将 RBM 层数设置为 2、3 和 4，隐含层的结点个数设置为 4、8、12、16 和 20。

在实验结果中，寻找识别率最高时所对应的输入层结点数和隐含层结点数；然后增加新的隐含层，判断新的隐含层中结点数的变化对预测效果的影响，从而确定最佳结点数，同时也确定了隐含层的层数。训练每个 RBM 时，参数可设置如下：学习率为 1，分组训练为 32，反向传播微调时学习率为 1，动量为 0.5。经过多次实验得出，识别率较好的 DBN 网络隐含层神经元设为 200，微调循环次数为 50。在训练过程中，若同时进行整个网络所有层的训练，则可能导致复杂度过高，因此采用贪婪逐层学习算法进行训练，即对完整的改进 DBN 模型进行分层学习，每一层进行无监督学习，所有模型的网络层学习完后，再对整个改进 DBN 模型进行有监督学习微调。

采用 10 折交叉验证法进行 10 次实验，即将数据集划分为 10 份，轮流将其中的 9 份作为训练数据，剩余的 1 份作为测试数据。训练集用于进行网络模型的构建、参数调整和训练；测试集用于网络模型预测率的测试。经反复训练得到的最佳参数为：DBN 模型的层数为 3，每层节点数为 20（20 维环境信息向量），最后一层的神经元数为 5（5 种病虫害），迭代次数为 50，学习速率为 0.001，将微调阶段的学习速率改为 0.1。

本章的预测结果表示在冬枣的某一生长阶段是否会出现特定的病虫害。在形式上，预测结果为类似 $<p_1, p_2, p_3, p_4, p_5>$ 的 1-of-K 编码向量。每个元素 $p_i(i = 1, 2, 3, 4, 5)$ 为二值变量，而非实值变量，因此 RMSE 的评估指标退化为 2 倍错误预测样本数的累积平方和。因此，本章采用预测率表示各个预测方法的预测结果。如表 14-1 所示，它中给出了本章方法和其他 3 种方法的实验结果。从表 14-1 中可以看出，基于改进的 DBN 的冬枣病虫害预测模型的预测精度比其他预测模型有了很大的提升，主要原因是训练数据集包含了更多与病虫害发生相关的生长环境信息数据，因此预测模型在处理测试集数据时的准确率较高。

表 14-1　基于不同方法的 5 种冬枣病虫害的实验结果

预测方法	预测准确率和方差（%）					
	食芽象甲	红蜘蛛	叶锈病	黑点病	炭疽病	平均值
SFSVM	58.26±2.25	45.33±1.34	61.24±1.42	54.32±1.61	60.47±1.38	55.92
INN	49.34±1.65	47.25±1.38	58.40±1.44	61.54±1.36	57.72±1.50	54.85
BPNN	65.13±1.19	58.62±1.36	66.19±1.57	64.28±1.28	61.37±1.47	63.12
MDBN	85.12±1.38	81.64±1.25	86.76±1.18	82.19±1.51	84.52±1.37	84.05

表 14-1 表明，相对其他经典的预测方法而言，基于 MDBN 的病虫害预测模型从冬枣生长的环境信息中自动学习到的特征，能够很好地表达病虫害发生与冬枣生长的自然环境信息因素之间的本质联系，从而具有较高的预测准确率。同时，也充分表明了 MDBN 模型在基于农业物联网的大数据挖掘中具有良好的特征学习性能。

14.6　小结

经典的深度置信网络的训练速度较快，但是由于在各层之间缺乏有监督训练，使得网络误差逐层向上传递，影响了网络的最终预测结果。针对冬枣病虫害预测问题，本章提出了一种改进深度置信网络模型。利用该模型能够自动从复杂的环境信息序列中学习到高层的非线性特征，由此得到的病虫害预测结果比基于传统的支持向量机和神经网络的平均预测结果更令人满意。实验结果表明，本章提出的预测模型是有效的，也从侧面表明了深度学习在农业大数据分析领域的运用是可行性的。下一步研究重点为，将 DBN 模型每层的各个神经元数设置为不同值，利用与病虫害发生相关的信息对病虫害进行预测。

参考文献

［1］刘昭武，田世芹，孙卫卫．沾化冬枣常见的气象灾害及其防御措

施［J］. 北方果树, 2015, 6: 25-27.

［2］李新良, 秦玉玲. 枣树主要病虫害的防治措施［J］. 现代园艺, 2016, 13: 147-148.

［3］李丽, 李道亮, 周志坚, 等. 径向基函数网络与 WebGIS 融合的苹果病虫害预测［J］. 农业机械学报, 2008, 39 (3): 116-119.

［4］杨志民, 梁静, 刘广利. 强模糊支持向量机在稻瘟病气象预警中的应用［J］. 中国农业大学学报, 2010, 15 (3): 122-128.

［5］曹志勇, 邱靖, 曹志娟, 等. 基于改进型神经网络的植物病虫害预警模型的构建［J］. 安徽农业科学, 2010, 38 (1): 538-540.

［6］宋启堃, 郑松, 宋彦棠. 黔南州主要植物病虫害监测预警专家系统的构建与实现［J］. 云南地理环境研究, 2011, 23 (1): 34-37.

［7］SANNAKKI S, RAJPUROHIT V S, SUMIRA F, et al. A neural network approach for disease forecasting in grapes using weather parameters ［C］//Anon. IEEE International Conference on Computing. ［S. l.: s. n.］, 2013: 1-5.

［8］SHI M W. Based on time series and RBF network plant disease forecasting［J］. Procedia Engineering, 2011, 15: 2384-2387.

［9］辜丽川, 钟金琴, 张友华, 等. 一种基于支持向量回归和动态特征选择的梨黑星病预测方法［J］. 计算机科学, 2009, 36 (7): 215-217.

［10］YUN H K, YOO S J, GU Y H, et al. Crop pests prediction method using regression and machine learning technology: Survey［J］. IERI Procedia, 2014, 6 (4): 52-56.

［11］吕昭智, 沈佐锐, 程登发, 等. 现代信息技术在害虫种群密度监测中的应用［J］. 农业工程学报, 2005, 21 (12): 112-115.

［12］ANURADHA, KULDEEP K, SUGANDHA S. Two stage classification model for crop disease prediction［J］. International Journal of Computer Science and Mobile Computing, 2015, 4 (6): 254-259.

［13］袁昌洪, 刘文军, 王世华, 等. 小麦赤霉病流行程度的农业气

象动态预测模型［J］．安徽农业科学，2009，37（1）：204-206.

［14］姚卫平．贵池区小麦赤霉病发病程度中期预测模型［J］．基层农技推广，2016，4（3）：20-24.

［15］徐云，陈爱玉，洪冠中，等．南通地区小麦赤霉病发生潜势气象预报模型的建立及检验［J］．江苏农业科学，2013，41（8）：144-145.

［16］陈涛，高必梵，艾菊梅．基于BP神经网络的植物虫害预测系统的研究［J］．数字技术与应用，2015（1）：91-93.

［17］王翔宇，温皓杰，李鑫星，等．农业主要病害检测与预警技术研究进展分析［J］．农业机械学报，2016，47（9）：266-277.

［18］王文山，柳平增，臧官胜，等．基于物联网的果园环境信息监测系统的设计［J］．山东农业大学学报：自然科学版，2012，43（2）：239-243.

［19］陈光绒，李小琴．基于物联网技术的植物病虫害自动测报系统［J］．江苏农业科学，2015，43（4）：406-410.

［20］LECUN Y, BENGIO Y, HINTON G. Deep learning［J］. Nature, 2015, 521 (7553): 436-444.

［21］尹宝才，王文通，王立春．深度学习研究综述［J］．北京工业大学学报，2015，41（1）：48-59.

［22］LI S, YOU Z H, GUO H L, et al. Inverse-free extreme learning machine with optimal information updating［J］. IEEE Transactions on Cybernetics, 2015, 1 (99): 1-7.

［23］YOU Z H, LI X, CHAN K C. An improved sequence-based prediction protocol for protein-protein interactions using amino acids substitution matrix and rotation forest ensemble classifiers［J］. Neurocomputing, 2016, 228 (8): 277-282.

［24］YOU Z H, ZHOU M C, LUO X, et al. Highly efficient framework for predicting interactions between proteins［J］. IEEE Transactions on Cybernetics, 2017, 47 (3): 721-733.

［25］WANG Y B, YOU Z H, LI X, et al. Predicting protein-protein interactions from protein sequences by stacked sparse auto-encoder deep neural network ［J］. Molecular Biosystems, 2017, 13（7）：1336-1344.

［26］WANG L, YOU Z H, CHEN X, et al. Computational methods for the prediction of drug-target interactions from drug fingerprints and protein sequences by stacked auto-encoder deep neural network. International Symposium on Bioinformatics Research and Applications（ISBRA）［J］. Honolulu, USA, 2017：46-58.

［27］LEE S H, CHAN S C, MAYO S J, et al. How deep learning extracts and learns leaf features for plant classification ［J］. Pattern Recognition, 2017, 71：1-13.

［28］SLADOJEVIC S, ARSENOVIC M, ANDERLA A, et al. Deep neural networks based recognition of plant diseases by leaf image classification ［J］. Computational Intelligence and Neuroscience, 2016, 6：1-11.

［29］JEON W S, RHEE S Y. Plant leaf recognition using a convolution neural network ［J］. International Journal of Fuzzy Logic & Intelligent Systems, 2017, 17（1）：26-34.

［30］ZHAO Z Q, JIAO L C, ZHAO J Q, et al. Discriminant deep belief network for high-resolution SAR image classification ［J］. Pattern Recognition, 2017, 61：686-701.

［31］ZHOU S S, CHEN Q C, WANG X L. Discriminative deep belief networks for image classification ［C］//Anon. IEEE 17th International Conference on Image Processing, Hong Kong. ［S. l.：s. n.］, 2010：1561-1564.

［32］张媛媛, 霍静, 杨婉琪, 等. 深度信念网络的二代身份证异构人脸核实算法 ［J］. 智能系统学报, 2015, 10（2）：193-200.

［33］谭娟, 王胜春. 基于深度学习的交通拥堵预测模型研究 ［J］. 计算机应用研究, 2015, 32（10）：2951-2954.

［34］周文杰, 严建峰, 杨璐. 基于深度学习的用户投诉预测模型研

究［J］. 计算机应用研究，2017，5：1428-1432.

　　［35］陈亮，张俊池，王娜，等．基于深度信念网络的在线视频热度预测［J］. 计算机工程与应用，2017，53（9）：162-169.

　　［36］LAROCHELLE H，BENGIO Y. Classification using discriminative restricted Boltzmann machines ［C］//Anon. International Conference on Machine Learning，New York.［S. l.：s. n.］，2008：536-543.

　　［37］丁军，刘宏伟，陈渤，等．相似性约束的深度置信网络在 SAR 图像目标识别的应用［J］. 电子信息学报，2016，38（1）：97-103.

后　记

本书的编撰历时 3 年，几易其稿，最终得以完成。在此我谨将本书诚挚地献给有志于从事植物叶片图像识别，植物病虫害和叶部病害的图像分割、特征提取、病害诊断识别，植物物种智能化分类，数字化农业研究，以及有志于从事保护植物生态环境、计算机应用技术等工作的专家和学者，同时盼望广大读者能够从中获得启迪。

本课题组自 2010 年起开始研究植物叶片图像的识别技术，进行过多个相关课题的技术研究工作，包括天津市自然科学基金重点项目"采用深度学习模型的植物病害识别系统关键技术研究"，天津市留学回国人员科技活动启动项目（优秀类）"大规模植物叶片图像分类与识别系统"，天津应用基础与前沿技术研究计划（一般项目）"采用稀疏表示的大规模植物叶片图像分类关键技术研究"，天津市科技特派员项目"基于叶片图像和生态影响子的植物种类识别系统"，天津市津南区科技计划项目"基于生态环境信息的植物叶片识别方法研究"，天津市高等学校科技发展基金计划项目"受限空间中采用稀疏表示的步态识别关键技术研究"等，现将这些课题的研究成果整理编纂出版，以供相关机构和研究人员参考。

在此，特别感谢张善文教授，在本书写作过程中给予了我许多帮助，包括专业性的指导，使得本书内容更加丰富。张善文教授主要从事数据挖掘和模式识别及其在植物病虫害识别中的应用方面的研究工作，主持并完成了多项国家自然科学基金项目，在国际和国内核心期刊发表了多篇图像识别方面的学术论文，其中 SCI 检索 30 余篇。在此也十分感谢天津科技大学的杨巨成教授和李建荣副教授，在本书撰写过程中给予了我很多支持和帮助，尤其是李建荣副教授，在校稿与资料整理方面做了大量工作，使本书得以完善并最终成稿。

我十分感谢中国经济出版社的各位领导、评审委员会的专家、本书责任编辑王建先生，以及其他工作人员，在此向他们致以崇高的敬意。同时，我也深切感谢我的父母、爱妻和爱女，谢谢他们对我长期的学习、研究和埋头写作的理解、支持与付出。

本书的编撰工作具体分工如下：张传雷、张善文、李建荣、陈佳完成第 1 章；张传雷、张善文、李建荣、武大硕完成第 2 章；张善文、李建荣、刘丽欣完成第 3 章；张善文、李建荣、任雪飞完成第 4 章；张传雷、张善文、李建荣、陈佳完成第 5 章；张传雷、张善文、李建荣、武大硕完成第 6 章；张传雷、张善文、刘丽欣完成第 7 章；张传雷、张善文、李建荣、任雪飞完成第 8 章；张传雷、张善文、李建荣、陈佳完成第 9 章；张传雷、张善文、李建荣、武大硕完成第 10 章；张传雷、张善文、刘丽欣完成第 11 章；张传雷、张善文、李建荣、任雪飞完成第 12 章；张传雷、张善文、李建荣、武大硕完成第 13 章；张传雷、张善文、李建荣、武大硕完成第 14 章。在此对所有参与编撰工作的人员表示感谢。

作为在植物叶片图像及其病虫害识别方法研究领域的一次专题著作方面的尝试，本书内容仍需持续扩展与更新，既需借鉴国内外同行最新的研究理念进行完善，又需在实践中总结更加有效与实用的识别方法，使之更好地服务于数字化农业与生态化农业的宏伟目标。书中的任何不妥、争议甚或谬误之处，敬请各位读者不吝批评或指正，为其再版而共同努力。在此，我先致谢于您。我的电子邮件地址是：97313114@ tust. edu. cn。

张传雷

2018 年 11 月 26 日